# TRAITÉ CLINIQUE

DE

# LA DIGESTION

ET DU

## RÉGIME ALIMENTAIRE

D'APRÈS

les données de l'Exploration externe du Tube digestif

PAR LE

## D<sup>R</sup> SIGAUD, DE LYON

**TOME PREMIER**

PARIS

**OCTAVE DOIN, ÉDITEUR**

8, PLACE DE L'ODÉON, 8

—

1900

TRAITÉ CLINIQUE

DE

# LA DIGESTION

ET DU

## RÉGIME ALIMENTAIRE

# TRAITÉ CLINIQUE

## DE

# LA DIGESTION

### ET DU

## RÉGIME ALIMENTAIRE

D'APRÈS

les données de l'Exploration externe du Tube digestif

PAR LE

## D<sup>R</sup> SIGAUD, DE LYON

**TOME PREMIER**

PARIS

**OCTAVE DOIN, ÉDITEUR**

8, PLACE DE L'ODÉON, 8

1900

# DIVISION DE CET OUVRAGE

## PREMIÈRE PARTIE

Du tube digestif considéré à l'état isolé, indépendamment de ses connexions anatomo-physiologiques avec les autres appareils de l'organisme.

Des signes objectifs révélés par l'Exploration méthodique de l'abdomen.

Idée générale de la Digestion.

## DEUXIÈME PARTIE

De la fonction digestive envisagée dans ses relations avec les autres fonctions de l'économie.

De la maladie et des lois cliniques qui en commandent les localisations anatomiques et les formes symptomatiques.

## TROISIÈME PARTIE

Hygiène alimentaire.
Hygiène générale.

**Le présent volume est consacré à la première partie.**

# INTRODUCTION

Tant que les fonctions de l'organisme sont normales, il n'est pas de procédé qui puisse nous en dévoiler la nature; le corps humain forme comme un bloc d'une cohésion moléculaire parfaite, impénétrable à nos sens.

La maladie, par contre, comparable au marteau du minéralogiste, brise ce bloc et en étale les fragments sous nos yeux; autrement dit, le trouble d'une fonction aboutit à la *dissociation* de ses actes biologiques, et ceux-ci deviennent *ipso facto* saisissables à nos procédés d'investigation.

En un mot, pour l'observateur qui étudie la nature du composé humain, la maladie est le véritable instrument d'analyse.

C'est ainsi que, voulant connaître le mécanisme de la digestion, nous nous sommes efforcé d'observer tous les faits morbides localisés dans la sphère digestive, d'en considérer les multiples aspects, d'en faire la nomenclature aussi complète que possible. Finalement, par un travail de synthèse toute spontanée, nous avons pu remonter jusqu'à l'origine du trouble morbide, c'est-à-dire jusqu'à un état pathologique simple, qui laisse deviner la fonction physiologique.

Connaître les formes diverses sous lesquelles se présente la désorganisation progressive de l'appareil digestif, c'est, en fin de compte. assister à autant de phénomènes biologiques, évoluant en quelque sorte isolément, et qu'il suffit de synthétiser pour avoir une exacte notion de la digestion normale.

Mais les faits morbides qui s'offrent à notre observation sont innombrables, et nous devons, au nom de la bonne méthode, faire un choix, établir une classification, sous peine de n'avoir que désordre et confusion.

Or deux catégories de faits se distinguent de prime abord : ceux dont la réalité est évidente, indiscutable, parce qu'elle tombe sous nos sens, et ceux dans la connaissance desquels le raisonnement intervient; parce que nous ne pouvons les saisir que médiatement et à l'aide de procédés empruntés aux autres sciences, notamment à la Physique et à la Chimie. L'analyse des premiers, les *Grands Faits*, doit précéder et diriger celle des seconds, les *Petits Faits*. Telle est, à notre sens, la méthode à suivre pour arriver à la certitude scientifique (1).

Appliquée à notre étude sur la Digestion, cette méthode nous a permis de marcher à pas sûrs dans une voix difficile et semée d'obstacles ; et le groupement des grands faits digestifs a été pour nous comme un trait de lumière.

---

(1) Les travaux sur la Digestion, parus ces dernières années, sont d'ordre presque exclusivement chimique. Sans douter de la valeur des faits chimiques exactement observés, nous devons constater, avec les meilleurs cliniciens, que l'intérêt pratique en est à peu près nul, pour le moment du moins. Les chercheurs, à notre avis, se sont égarés faute de travail méthodique ; ils ont commencé là où ils devaient finir.

C'est ainsi qu'après avoir franchi plusieurs étapes (1), nous avons eu la satisfaction de pouvoir comprendre la véritable nature des actes digestifs.

Une notion générale domine le problème clinique de la Digestion et nous permet dès maintenant de le poser sous une forme simple et compréhensive.

L'aliment, une fois ingéré, fait partie intégrante du tube digestif, et l'élaboration normale de cet aliment est à la fois la *condition* et la *résultante* de la *vie* de cet appareil, tout comme la circulation normale du sang est la condition et la résultante de la *vie* du cœur et des vaisseaux. On ne doit point séparer le tube digestif de l'aliment, le contenant du contenu. La fonction n'est qu'une forme de la vie et le trouble fonctionnel équivaut à un trouble vital résultant d'un défaut d'adaptation de l'aliment au milieu anatomique dont il doit faire partie. Les réactions, engendrées par ce défaut d'adaptation, peuvent revêtir les aspects les plus divers sans perdre cette caractéristique essen-

(1) En 1894, nous avons publié un premier ouvrage, *Traité des troubles fonctionnels mécaniques de l'appareil digestif*. Ce livre n'a d'autre intérêt aujourd'hui que de présenter un premier groupement de faits cliniques, suggéré à un observateur novice qui aborde un terrain jusqu'alors à peu près inexploré.

En 1898, notre excellent ami le docteur Léon Vincent, dont l'étroite collaboration nous est si précieuse, a publié à son tour un important ouvrage, *Traité de l'Exploration manuelle des organes digestifs*, dans le but de condenser, en un ensemble didactique, tous les signes objectifs révélés par l'exploration abdominale.

tielle de répondre toujours à une modification de la *vitalité* du canal digestif.

A l'adaptation parfaite correspond la *vitalité normale*, c'est-à-dire, d'une part, l'évolution physiologique des phénomènes de circulation, d'innervation, d'assimilation, de sécrétion, à peu près insaisissables pour le clinicien, d'autre part, un état normal de tension, d'élasticité, de sonorité des anses digestives, tous phénomènes à la portée de l'observateur.

A l'adaptation imparfaite répond une *vitalité subnormale*, dont les oscillations, obscures pour le clinicien en ce qui concerne les actes chimiques, notamment, se reflètent admirablement dans les modifications anatomiques subies par la masse gastro-intestinale et sont aisément saisies par nos sens, toute cette masse se prêtant facilement à l'appréciation du toucher, de l'ouïe et de la vue.

Nous sommes ainsi amené à conclure que tout médecin doit faire l'éducation spéciale de ces trois sens, afin de comprendre les enseignements qu'ils peuvent nous donner sur la vitalité de l'appareil digestif. Toute autre recherche, particulièrement l'analyse des liquides intérieurs, ne vient qu'après les notions objectives, d'ailleurs si nombreuses et si instructives, que nous valent l'*Inspection*, la *Palpation*, et la *Percussion* du ventre. Cette éducation de nos sens, appliqués à l'exploration abdominale, doit être conduite avec autant de soin et avec autant de rigueur que s'il s'agissait de l'examen du cœur ou des poumons.

Quelques faits très simples vont faire éclater l'évidence de nos assertions :

*a)* Un malade commence à se ressaisir : l'élasticité de l'abdomen est nettement appréciable à la *palpation*. Survient une rechute, avec étreinte épigastrique après le repas et crampes dans la seconde moitié de la nuit ; le ventre, hier élastique, est aujourd'hui de consistance *pâteuse*. La Palpation est venue donner une base objective à l'analyse symptomatique.

*b)* Une malade éprouve après le repas un gonflement de l'épigastre qui l'oblige à délacer son corset. La Percussion épigastrique donne un son intense et bas, indice d'une tension gazeuse faible et par conséquent d'une insuffisance de tonicité gastrique. Sous l'influence d'une hygiène appropriée, le gonflement disparait ; en même temps la sonorité gastrique apparaît plus élevée et moins intense. Dans ce cas, la Percussion nous a exactement renseigné sur le degré d'extensibilité de la paroi stomacale et fait saisir la raison matérielle de cette sensation de gonflement accusée par la malade.

*c)* Enfin, voici une malade, enceinte de 5 mois, qui se plaint d'une anorexie presque absolue. Dans la position horizontale, nous constatons une saillie globuleuse immédiatement au-dessus du pubis ; le reste de l'abdomen, en particulier l'épigastre, apparaît déprimé, plus ou moins creusé ; le rebord costal et les crêtes iliaques très saillantes paraissent délimiter une surface en creux à la partie inférieure de laquelle s'isole en saillie le globe utérin ; et le ventre, saisi entre les deux mains posées à plat, l'une en avant et l'autre en arrière, semble comme vidé de son contenu et réduit à ses seules parois. Avec la station debout, le tableau change du tout au tout : la saillie sus-pubienne disparaît pour se fondre dans une masse abdominale dont la rondeur croît régulièrement de haut en bas, de l'épigastre au pubis, et entraîne l'effacement de toutes les crêtes osseuses. C'est ainsi que l'Inspection pure et simple, pratiquée dans des attitudes différentes, nous a révélé la flaccidité extrême de toute une masse gastro-intestinale qui dans la station verticale, vient se projeter en bas et en avant et donner l'illusion d'un *gros ventre*, et, dans le décubitus horizontal, s'étale et s'affaisse, laissant la paroi abdominale recouvrir le globe utérin à la façon d'un mouchoir jeté sur une bille de billard.

Ne trouvons-nous pas déjà, dans ces quelques exemples, pris au hasard de la pratique, la justification du rôle capital que nous devons faire jouer à l'exploration objective des organes digestifs?

En résumé, nous pouvons dire que le tissu abdominal doit à sa structure cavitaire de présenter des oscillations vitales à grande amplitude et, par cela même, d'une analyse objective à la portée de nos sens.

De cette conception générale découle une application pratique immédiate : s'il est vrai que la digestion est le mode vital du tube digestif comme la contraction est le mode vital de la fibre musculaire, comme la sécrétion est le mode vital de la cellule glandulaire, etc., s'il est vrai, en un mot, que la fonction se confond avec l'organe qui en est le substratum, le moindre trouble fonctionnel aura son équivalent anatomique et partant objectif, que le clinicien devra analyser et rigoureusement apprécier.

C'est ainsi qu'il suffit d'introduire dans la cavité digestive une substance *non alimentaire* pour amener *ipso facto* un trouble de la fonction et conséquemment une modification matérielle de l'appareil digestif, dont on doit déterminer les caractères. Telle est une obligation qui s'impose au thérapeute, lorsque, voulant atteindre un point quelconque de l'économie, il confie à l'estomac le soin de recevoir et d'absorber l'agent médicamenteux.

Le tube digestif est trop généralement considéré comme une voie banale, comme une simple porte d'entrée qui donne accès dans l'économie; l'action locale, exercée par les substances non alimentaires, est trop facilement négligée et les cas sont, hélas! fréquents où le clinicien met sur le compte d'une action *directe* du remède des effets à distance d'un trouble gastro-intestinal produit par une substance qui n'a été ni digérée ni même parfois absorbée!

Quels que soient les symptômes subjectifs, le clinicien doit, et c'est une règle absolue, examiner successivement tous les appareils de l'organisme. Négliger l'examen de l'abdomen, comme on le fait généralement, c'est à nos yeux une faute lourde et une source de méprises et d'erreurs, dont nous ne saurions trop déplorer la fréquence.

Il n'est pas une seule maladie classée, quel qu'en soit le siège anatomique hors de la sphère digestive, qui ne se présente avec tout un cortège de signes abdominaux d'une observation facile, d'une évidence absolue.

Disons plus, l'hygiène alimentaire, dictée par l'exploration abdominale, est à même de rendre service aux malades de toutes catégories; et ce n'est du reste que dans les signes objectifs, révélés par un examen méthodique de l'appareil digestif, que le médecin peut trouver les règles précises et sûres de la Diététique.

L'exploration objective de l'abdomen apparaît, en définitive, comme un procédé clinique d'une valeur incomparable et doit occuper le premier rang parmi nos moyens d'investigation.

*

Au clinicien qui s'astreint systématiquement à explorer l'abdomen de tous ses malades, le tube digestif ne tarde pas à apparaître comme une individualité physiologique d'une puissance extraordinaire, tant ils semblent légion les désordres qui entrent dans sa sphère d'action à titre d'effets secondaires ! L'estomac devient l'Archée suprême, toute la médecine semble graviter autour du ventre !

Un moment nous avons été séduit par cette conception de pathogénie générale d'une si belle simplicité. L'histoire de la médecine nous apprend du reste qu'aux divers âges de l'humanité cette théorie a trouvé des adeptes et soulevé des polémiques. Mais bien vite, dédaignant les systèmes et n'ayant d'autre souci que celui de découvrir des faits nouveaux ou d'analyser plus complètement les faits déjà observés, nous nous sommes affranchi de toute doctrine exclusive pour ne voir dans l'organisme qu'un édifice dont toutes les parties sont agencées en vue d'une harmonie parfaite; on ne saurait déranger la moindre d'entre elles sans que l'ensemble en soit troublé. Il existe, en d'autres termes, la plus étroite *corrélation* entre toutes les fonctions de l'économie et le moindre trouble local a une répercussion générale immédiate. La santé, c'est l'unité fonctionnelle, et la maladie, c'est le désarroi général.

Il est évident d'ailleurs que ce désarroi général varie de forme et d'intensité avec la nature du désordre local qui en a été le point de départ. Il est non moins certain encore que le tube digestif est, dans un grand nombre de cas, e *primum movens* de nos troubles morbides et, de ce fait, possède une véritable supériorité sur les autres appareils de l'économie comme centre d'influences pathogènes.

Toutefois le clinicien ne doit point se laisser abuser par les apparences : tous les systèmes organiques jouissent originellement de la même capacité morbigène ; c'est l'hérédité, ce sont les conditions de la vie sociale, ce sont, en un mot, des circonstances d'ordre extrinsèque qui viennent conférer à l'un ou à l'autre de nos appareils cette supériorité dans les faits pathologiques. Il s'agit là d'une *subordination* tout éventuelle, inconnue de la physiologie générale.

Telles sont les idées que suggère l'observation des faits en dehors de tout parti pris doctrinal.

*<br>* *

Une telle conception ne peut dériver, on le comprend, que d'une étude approfondie de la fonction digestive. Ce n'est qu'en se familiarisant avec tous les procédés d'exploration abdominale que le médecin arrivera à voir la pathologie digestive sous tous ses aspects et à en surprendre tous les secrets.

Disons plus, les procédés ne suffisent point : l'application doit en être dirigée avec une méthode rigoureuse, et l'esprit est tenu de se soumettre à une discipline sévère sous peine de s'égarer. Il n'est pas de domaine où les voies de l'erreur soient plus nombreuses que celui des sciences d'observation pure. Rien n'est mobile et décevant comme les théories de la science sur les phénomènes de la nature.

Le grand écueil réside, à notre avis, dans la facilité avec laquelle on fait intervenir le principe de causalité. Il semble qu'une observation n'ait de valeur qu'autant que l'auteur sait remonter à la cause du phénomène observé, et concentre sur cette cause toutes les puissances de son esprit.

Or, à vrai dire, il n'y a réellement dans la nature que des faits qui se succèdent et se suivent dans le temps et dans l'espace, enserrant dans une chaîne ininterrompue les trois règnes de la création. Le fait qui paraît cause est toujours précédé d'une si longue théorie de faits antécédents, ayant chacun une influence déterminante, qu'il ne lui reste plus à lui-même qu'une part insignifiante d'influence proprement causale. Et quand on connaît, quand on soupçonne seulement toute cette série de faits antécédents, l'idée ne vient pas de donner à ce fait la signification d'une cause véritable, tant son influence paraît se confondre avec celle des faits antérieurs.

Appliquée à l'observation du malade, cette règle intellectuelle est d'un secours inappréciable. Nous oserions presque avancer qu'elle rajeunit notre vieille clinique en lui donnant une précision et une rigueur propres à satisfaire les meilleurs esprits.

Prenons un exemple : Voici deux faits qui se succèdent; toute notion de causalité étant écartée, notre souci n'est plus que de savoir si entre ces deux chaînons il en existe un ou plusieurs autres qui les relient. Notre conclusion reste ainsi provisoire, et nous continuons notre observation, l'esprit libre de tout parti pris. Or, fait curieux, il arrive généralement que toute une série de chaînons intermédiaires se découvrent peu à peu, en nombre qui croît pour ainsi dire au fur et à mesure que l'observation se prolonge.

C'est grâce à cette discipline de l'esprit que nous sommes arrivé progressivement à comprendre que l'estomac et l'intestin s'harmonisent dans une synergie fonctionnelle absolue, que toutes les fonctions de l'économie affectent entre elles des rapports, non de subordination, mais bien d'étroite corrélation, qu'enfin l'organisme humain obéit aux lois générales de l'Univers dont il n'est lui-même qu'une infime parcelle (1).

On définit communément la médecine l'*Art de guérir*. A notre avis, cette définition découle directement de l'em-

(1) Cet exposé n'a pas la moindre prétention à une théorie philosophique. C'est une simple règle de travail, préconisée par un praticien.

pirisme, et l'empirisme a lui-même sa source dans un double sentiment, la crainte de la douleur et l'horreur de la mort.

Expliquons notre pensée.

Toutes les branches de la science sont cultivées pour elles-mêmes. Le chercheur obéit à la curiosité de son esprit et il se trouve que de la découverte de la vérité dérivent naturellement les applications utiles à la société. D'ailleurs, à un point de vue élevé, le vrai et l'utile se confondent.

Il en va tout autrement pour ce qui concerne l'étude de l'homme. L'utile a été recherché primitivement pour lui-même; on a voulu supprimer la douleur, prolonger la vie, etc. De là est né un empirisme grossier, premier noyau de la médecine. Il est vrai qu'appliqué par quelques intuitifs cet empirisme a pu, dans certains cas, rendre d'importants services. Cependant la vraie science médicale doit chercher à s'en affranchir; car le plus sûr moyen d'être utile à l'homme, c'est encore d'en connaître la nature physiologique. Malgré les progrès réalisés de notre temps, cet affranchissement est loin d'être complet. N'est-ce point une forme nouvelle de l'empirisme des anciens que ces essais thérapeutiques qui consistent à rechercher l'*action bienfaisante* d'un médicament sur un organisme dont on ignore encore les lois générales et de développement et de fonctionnement? Disons-le hautement, tout l'appareil chimico-pharmaceutique procède de cet empirisme, c'est-à-dire de cet art grossier qui vise la douleur ou le signe morbide, sans avoir résolu le problème de la nature elle-même de la maladie.

Pour donner à la médecine le rang qui lui est assigné dans le plan de la nature, nous devons la considérer comme une branche de l'histoire naturelle. Quant au médecin, c'est le naturaliste adonné à l'étude de l'organisme humain. Sa mission effective est, avant tout, d'en analyser les désordres fonctionnels afin de remonter à l'origine des faits morbides et de trouver ainsi le secret des moyens naturels à employer soit pour prévenir la maladie, soit pour en arrêter la marche ou en atténuer les effets.

# CHAPITRE PREMIER

I. — **Notions préliminaires.**

II. — **Du segment digestif simple.**
*A.* Segment faible.
*B.* Segment fort.

III. — **Du segment digestif différencié.**
*A.* Segment différencié faible.
*B.* Segment différencié fort.

## I. — Notions préliminaires.

Pour donner une idée aussi exacte que possible du tube digestif en voie de désorganisation, nous envisagerons cet appareil sous un double aspect, *objectif* et *subjectif*.

Dans la première partie de notre étude, purement objective, nous nous efforcerons de faire connaître les signes physiques qui traduisent les diverses étapes de la maladie, de préciser la signification de chacun de ces signes, de les classer enfin suivant l'importance que le clinicien doit leur attribuer. En un mot, nous tracerons, avec les seules lumières de l'exploration objective, le tableau d'ensemble des nombreuses modalités sous lesquelles se présente le contenu abdominal.

Nous négligerons toutes les manifestations subjectives, qui ne sont en réalité que le retentissement de la maladie viscérale sur la sensibilité générale, les réservant pour la matière d'un chapitre spécial au cours de la seconde partie de notre étude qui sera consacrée aux relations du tube digestif avec le reste de l'économie.

Les symptômes subjectifs, d'ailleurs, ont un déterminisme propre, indépendant de l'état objectif ; tel aspect du colon, identique à lui-même chez une série de sujets, va se traduire par toute une gamme de sensations accusées par les divers malades. Il est dès lors aisé de comprendre que l'étude objective seule peut constituer la base de l'édifice.

En définitive, apprendre au lecteur à reconnaître les faits physiques de constatation simple, dont la réalité « saute au yeux » et l'interprétation s'impose immédiate et évidente ; puis montrer que la déchéance de la digestion marche de pair avec les troubles de toutes les autres fonctions, notamment de la fonction sensitive, et dégager les lois qui régissent ces manifestations générales au double point de vue de leur évolution dans le temps et de leurs localisations successives dans toutes les régions de l'organisme (1), tel nous semble, en fin de compte, le meilleur procédé didactique pour mettre un peu d'ordre et de clarté dans une étude réellement difficile et complexe.

Nous devons donc étudier maintenant le *Tube digestif isolé*, dégagé de toutes ses sympathies physiologiques comme de tous ses liens anatomiques avec les diverses régions de l'organisme dont il fait partie.

Un des plus grands obstacles à la connaissance de la fonction digestive, c'est la tendance des pathologistes à créer des *Entités morbides*, voire même des *Syndrômes morbides*. Cette manière de procéder a trouvé une sorte de justification dans les maladies infectieuses d'abord, puis dans les affections du cœur et du système nerveux ; nous devons ajouter, pour être impartial, qu'elle n'a pas été sans profit en rendant l'étude de ces maladies à la fois plus facile et plus attrayante.

(1) Cette seconde partie de notre étude fera l'objet du Tome II.

En pathologie digestive nous croyons que ce procédé artificiel de nosographie descriptive doit être délaissé ; les nombreuses tentatives, d'ailleurs, qui ont été faites dans ce sens, n'ont donné jusqu'à présent que des résultats négligeables, et on peut dire que la digestion et ses troubles restent, comme il y a vingt ans, entourés des plus grandes obscurités.

Il est intéressant toutefois de chercher quelques-unes des causes de cet insuccès de la nosographie en *clinique digestive*.

La cause la plus évidente, c'est l'ignorance profonde où sont et se complaisent les médecins de notre époque relativement à l'*exploration objective de l'abdomen*. Il est aisé de comprendre qu'une classification n'a chance d'être juste et durable qu'autant qu'elle s'appuie sur des faits indiscutables ; or, ces faits ne peuvent dériver que d'une exploration patiente et minutieuse des organes digestifs. Nous ne nous attarderons pas à démontrer la valeur secondaire des faits d'ordre chimique, seule base objective des classifications actuelles ; quant à la symptomatologie subjective, elle est trop variable suivant les individus, suivant le moment de la maladie, suivant une foule de circonstances extérieures, pour servir d'assise à une nomenclature définitive. En résumé, ce qui manque à nos pathologistes, c'est la pratique de l'exploration objective du tube digestif.

Une seconde cause d'insuccès des classiques, pour être moins soupçonnée, n'en est pas moins réelle et intéressante. Une insuffisance mitrale, une ataxie locomotrice, une hémorrhagie cérébrale, une sclérose en plaques, constituent autant de maladies généralement bien définies, ayant un début, une période d'état et une terminaison ; trois ou quatre symptômes constants, bien différenciés, forment une sorte de tableau toujours identique à lui-même et qui se reconnaît aisément quand une fois il a frappé nos regards. Rien de pareil en clinique des voies

digestives. Il s'agit d'un appareil très complexe, dont le
fonctionnement intime est insaisissable, dont les réactions
varient à l'infini et donnent lieu à une symptomatologie qui
semble défier toute classification. Le trouble digestif affecte
la sensibilité générale dans des limites difficiles à préciser;
dans un cas, le moindre désordre se révèle par des douleurs locales excessives; dans un autre cas, la désorganisation de l'appareil gastro-intestinal peut franchir toutes
ses étapes sans que l'attention du médecin soit le moins
du monde attirée vers la zone abdominale. Enfin, le diagnostic d'un état digestif ne saurait être complet ni juste,
s'il ne repose pour une part sur les antécédents bien analysés, nettement précisés. Or, que sont les antécédents
d'un dyspeptique ? *Sa vie tout entière*, aussi bien celle que
le malade considère comme normale que celle qualifiée de
morbide. C'est là qu'est la véritable pierre d'achoppement
qui arrêtera longtemps les théoriciens et les nosologistes.
Faire dater une maladie d'estomac d'une époque déterminée, d'un âge du malade, c'est s'exposer d'une façon
certaine à une erreur de diagnostic.

En pathologie digestive, il ne s'agit donc pas de formuler
un diagnostic d'entité ou de syndrome morbide; il s'agit
d'apprécier le degré de *vitalité*, de *force* d'un vaste appareil comprenant l'estomac, le grêle, le colon et le foie,
après avoir mis en lumière les étapes franchies par la
maladie depuis la naissance du malade jusqu'au moment
actuel. On conçoit qu'une entreprise semblable n'ait point
encore été tentée malgré des siècles de recherches et n'ait
que peu d'attrait aux yeux de la majorité des cliniciens.
C'est là d'ailleurs, nous l'avouons, une tâche d'une difficulté réelle qui arrête un instant, au cours de ses recherches, celui qui, ayant saisi la réalité des choses,
prend la plume pour donner à sa pensée une forme
didactique avec le souci de sauvegarder la vérité.

Afin d'introduire le lecteur insensiblement et par degrés

au cœur de son sujet, afin de le *familiariser* en quelque sorte avec un appareil que la clinique ignore et que la chimie enveloppe d'obscurités, nous avons jugé à propos de schématiser tout d'abord le tube digestif et de créer deux étapes d'*introduction* à l'étude de cet appareil tel qu'il est dans la réalité.

Nous étudierons dans des paragraphes successifs :

1° Le segment digestif simple.

2° Le segment digestif différencié.

Cette étude préparatoire achevée, nous aborderons celle du tube digestif proprement dit.

### II. — Du segment digestif simple.

C'est une cavité vivante, c'est-à-dire contenant dans sa paroi des nerfs, des vaisseaux, des muscles et des glandes.

A l'état statique cette cavité est maintenue béante, grâce à la tonicité de son appareil musculaire, composé d'un plan circulaire et d'un plan longitudinal ; les faisceaux musculaires extrêmes du plan circulaire jouent le rôle de sphincters, destinés à ouvrir ou fermer la communication avec le milieu ambiant.

Un fluide remplit ce segment cavitaire d'une façon constante, c'est l'*air atmosphérique*. Des aliments y sont introduits d'une façon intermittente, pour y être élaborés, c'est-à-dire mélangés et malaxés par des contractions musculaires, qui en outre les transportent d'une extrémité à l'autre du segment, pour y être transformés par des sucs glandulaires, qui en modifient l'état moléculaire, et finalement en partie absorbés par la surface interne du segment, en partie restitués, sous forme de résidus, au milieu extérieur d'où ils sortent.

Telle est la fonction de ce segment digestif.

En définitive, trois éléments interviennent dans la mise en jeu de cette fonction : l'air, l'aliment, et la sensibilité propre de la surface interne du segment. Cette sensibilité

de la surface interne du segment est de nature bien spéciale. D'une part, elle ne répond qu'à une catégorie déterminée d'excitations, elle ne reconnaît qu'une classe définie
d'excitants : seules les substances, qu'on est convenu d'ap-
peler *Alibiles*, mettent en jeu l'activité normale du segment digestif. D'autre part cette excitation, quand elle est
naturelle, aboutit à un résultat complexe qui est l'ébranlement simultané de tous les éléments constitutifs du
segment, nerfs, vaisseaux, muscles et glandes, autrement
dit la mise en train de toutes les fonctions du segment,
vibration nerveuse, circulation, contractions ou péristaltisme et sécrétions.

Un point particulier doit nous arrêter. Cette cavité garde
des dimensions à peu près invariables, qu'elle soit remplie
d'aliments ou vidée même des résidus de la digestion,
qu'elle soit en état d'activité ou de repos fonctionnels. C'est
là un trait caractéristique qui la différencie d'autres
cavités de l'organisme, de la vessie, par exemple, qui
s'affaissent quand elles sont vides et acquièrent un développement toujours proportionné à leur contenu.

Comment comprendre cette béance permanente du segment digestif? En vertu de quel mécanisme physiologique
ses parois ne s'accolent-elles point, lorsque la fonction
s'est éteinte et que les derniers résidus ont été rejetés?
L'existence des deux plans musculaires ne suffit pas à
rendre compte de ce fait. C'est dans la présence de l'air, qui
remplit constamment la cavité digestive, qu'il faut en chercher l'explication. Et les choses sont fort simples : un aliment est introduit dans la cavité du segment, en excite la
surface ; toutes les puissances qui composent le segment
entrent en activité ; la température de l'air intérieur s'élève,
celui-ci tend à se dilater ; mais la tonicité des parois résiste
dans la mesure exactement nécessaire pour neutraliser cet
effort excentrique et la capacité n'est pas modifiée ; en même
temps les contractions péristaltiques et les sécrétions
glandulaires s'accomplissent avec une activité également

proportionnée à celle des autres actes fonctionnels ; l'excitation étant normale, la réponse est le travail physiologique uniformément réparti à tous les appareils du segment digestif, et c'est, en dernière analyse, cette égale répartition qui explique l'immutabilité des dimensions de notre cavité, malgré l'éréthisme entraîné par la fonction.

Mais poursuivons l'examen de notre segment aux prises avec l'aliment. A mesure que la décomposition et l'absorption progressent, le bol alimentaire perd ses propriétés excitantes ; parallèlement la sensibilité de la surface interne s'émousse et s'épuise, sans compter que le poids de l'aliment, dont l'effet excitant n'est pas douteux, diminue de son côté au fur et à mesure de l'expulsion des résidus. De là une circulation de moins en moins active, un péristaltisme déclinant et des sécrétions de plus en plus rares. A un moment donné, tout aliment a disparu, tout travail fonctionnel est éteint. Toutefois la cavité garde ses dimensions primitives parce qu'il reste le gaz atmosphérique et que ce dernier, entretenu dans un état de tension convenable par les phénomènes vitaux qui se passent dans les parois, fournit à celles-ci un point d'appui qui en empêche le retrait ou l'affaissement. On peut dire que l'air est un second aliment jouissant de propriétés excitantes analogues à celles des aliments, mais plus faibles, c'est-à-dire incapables d'exciter le péristaltisme, les sécrétions, etc., toutefois suffisantes pour entretenir la vitalité de tous les éléments de la paroi digestive, partant la tonicité musculaire.

Nous voyons ainsi notre segment digestif, avec ses tissus constitutifs, avec son contenu, aliments et gaz, former un centre physiologique parfait, dont on ne saurait modifier ou retrancher la moindre partie sans en troubler l'économie tout entière. Nous avons ici, il est utile de le signaler, l'image raccourcie de la réalité : un édifice harmonieux dont toutes les portions sont solidaires les unes des autres et ne sauraient être isolément atteintes sans que l'ensemble en subisse le contre-coup immédiat.

Après l'extinction de l'éréthisme fonctionnel, tous les éléments, qui entrent dans la constitution de notre segment digestif, restent encore doués de leur irritabilité propre, condition même de la vie : l'élément glandulaire subit sa rénovation au contact du liquide sanguin, les circulations sanguine et lymphatique parcourent leurs cycles ordinaires, les plans musculaires sont en état de contraction tonique, l'air enfin est sous la tension créée par les phénomènes vitaux de la cavité qui le recèle. Bref, le segment digestif *vit*, en attendant qu'une nouvelle excitation alimentaire vienne faire renaître ce *paroxysme vital* qu'est l'*éréthisme fonctionnel*. La fonction suppose la vie et n'est qu'un moment de cette vie élevée à sa puissance maxima.

Mais que l'aliment vienne à manquer, nous verrons tous les phénomènes vitaux, après un instant d'état stationnaire, décroître progressivement : les échanges d'excitations, qui se passent dans la paroi et résultent de l'irritabilité des divers tissus, deviendront de moins en moins actifs; parallèlement à l'engourdissement croissant des systèmes nerveux et glandulaire, la circulation se ralentira, l'aire des réseaux sanguins et lymphatiques se rétrécira, la tonicité des plans musculaires fera place au relâchement progressif; enfin la pression du gaz intérieur sera de plus en plus faible et nous assisterons, en fin de compte, à l'apparition de phénomènes objectifs qui traduisent cet état de dépression, à savoir la réduction de la cavité du segment digestif et le défaut de résistance de sa paroi insuffisamment *vivante*, partant incomplètement tendue.

Deux faits méritent ici d'être soulignés.

Tout d'abord, l'excitation, fournie par l'aliment, apparaît comme la condition essentielle de la vie normale du segment digestif, en dehors même de l'apport de molécules nutritives rénovatrices; l'aliment fait partie intégrante du segment, au même titre que l'air, par exemple, et c'est à son contact que la paroi renouvelle en quelque sorte sa provision d'*irritabilité*, de *vitalité*.

En second lieu, une conséquence de l'inertie fonctionnelle, que nous devons bien retenir, c'est la diminution de
calibre et le défaut de tension de la paroi du segment
digestif. Ce sont là, pour le médecin, les *signes objectifs*
qui vont traduire et l'anémie et l'hyposécrétion et la parésie sensitivo-motrice de l'organe digestif.

Les effets résultant de la suppression de l'aliment nous
introduisent dans la pathologie du segment digestif. Une
des idées qui se présentent de prime abord à l'esprit, c'est
que le segment de vitalité amoindrie, dont l'aspect objectif
est la diminution de calibre et le défaut de tension des
parois, est impropre, en face d'un nouvel apport d'aliments, à accomplir sa fonction d'une manière normale ;
l'aiguillon alimentaire va toucher une paroi plus ou moins
anémiée, plus ou moins insensible ; il en résultera que la
mise en train de tous les autres appareils sera incomplète
ou irrégulière : *ce sera la maladie.*

Ici les choses se compliquent. Le segment digestif, en
effet, se présente sous une double modalité : tantôt il est
de texture fine, délicate et de sensibilité exquise ; tantôt il
est de structure plus solide, plus grossière et de sensibilité
plus obtuse. Dans le premier cas, c'est le *segment faible ;*
dans le second cas, c'est le *segment fort.* Cette simple
division va nous permettre d'établir aisément toute la
pathologie schématique du segment digestif.

Quelques mots d'abord sur les caractères différentiels de
nos deux segments.

Le *segment faible*, d'une fine anatomie, comme nous
venons de le dire, est doué d'une sensibilité particulièrement vive ; une excitation légère suffit à provoquer l'activité totale de ses divers éléments ; une excitation forte
détermine une mise en jeu brusque et brutale des forces
digestives qui sont alors dépensées partiellement sans
profit et épuisées avant le temps ; une excitation très forte
aboutit à un véritable traumatisme qui suspend la fonction
au lieu de la faire naître.

Le *segment fort*, d'une charpente plus solide, est par contre d'une sensibilité proportionnellement obtuse ; une excitation légère le laisse à peu près indifférent et n'amène qu'une ébauche de travail fonctionnel ; une excitation forte n'est que suffisante pour produire la fonction normale ; une excitation très forte est le signal de désordres, d'ailleurs modérés, dont la caractéristique est moins la rapidité d'action et l'épuisement consécutif que l'insuffisance et l'incohérence d'une fonction peu modifiée dans sa durée, d'un appareil peu troublé dans l'agencement de ses diverses parties constituantes. Il est bien entendu que toutes ces excitations sont de nature exclusivement alimentaire.

Tels sont les caractères fondamentaux qui donnent à chacun de ces segments une *physionomie propre*. Nous retrouverons en clinique ces deux modes réactionnels du tube digestif. Et c'est en nous inspirant des données précédentes que nous parviendrons à mettre un peu de lumière dans le chaos des formes morbides que la pratique journalière met sous nos yeux.

### *A.* Du Segment digestif faible

Etudions maintenant le *segment faible* et précisons les étapes successives de sa désorganisation, ce qui revient à faire l'histoire de sa résistance aux causes pathogènes.

Pour ne point sortir de notre description schématique, nous n'envisagerons que les grandes causes pathogènes ; le mécanisme d'action des causes accessoires sera aisément pressenti par le lecteur.

Les causes pathogènes essentielles sont :

1° *La diète,*

2° *La surcharge alimentaire,*

3° *Les qualités ou trop excitantes ou émollientes de l'aliment,*

4° *Les propriétés de l'air atmosphérique.*

1° La *diète*, dont nous avons dit un mot déjà, va agir sur notre *segment faible* d'une manière prépondérante, et cela est d'autant plus facile à comprendre que la vitalité de notre cavité schématique est étroitement dépendante de l'excitation de l'aliment. Dans le segment faible, la caractéristique de la vitalité est d'être instable. Si nous enlevons l'aiguillon alimentaire, si nous en retardons seulement le contact éréthogène, nous voyons *ipso facto* notre segment se rétrécir et ses parois s'affaisser dans une mesure largement appréciable. *Rapidité d'apparition de l'hyposthénie*, tel est le premier caractère réactionnel mis en évidence par l'étude des effets de la diète.

Que cette diète se répète un grand nombre de fois, nous créons un état permanent de faiblesse, d'insuffisance fonctionnelle franchement caractérisée, en dehors de toute autre influence morbigène. En revanche, dès les premiers essais d'alimentation normale, les diverses puissances de notre segment vont se ressaisir avec une rapidité surprenante. La promptitude du relèvement sera égale à la rapidité de la déchéance, et, cette déchéance s'étant accomplie sous une influence relativement minime, incapable de compromettre la structure anatomique du segment, nous aurons un relèvement franc, complet, sans la moindre trace de détérioration organique. Un second caractère ressort de cette donnée, c'est la *facilité et la promptitude du retour ad integrum*.

Ces deux caractères, révélés par l'expérience de la diète, sont véritablement fondamentaux et nous serviront à comprendre l'action des autres causes pathogènes.

2° La *surcharge alimentaire* est celle qui vient naturellement sous notre plume. Une masse d'aliments, disproportionnée avec les forces du segment, va entraîner une ou plusieurs fois une suractivité qui mettra l'organe à la hauteur de sa fonction, suractivité nerveuse, circulatoire, musculaire et glandulaire et accroissement de la tension du gaz intérieur. Mais nos éléments anatomiques, quoique très sensibles et très élastiques, sont de faible complexion ; chaque digestion devient un surmenage qui entraîne un degré croissant d'épuisement consécutif. Aussi la fonction cesse-t-elle rapidement d'être un aiguillon réconfortant. Et, à cet exercice, les forces vitales de notre segment vont s'épuisant jusqu'au moment où le contact de l'aliment lui est indifférent, tant sa sensibilité s'est émoussée et son irritabilité s'est affaiblie. L'aliment n'est plus qu'un corps étranger dans une cavité insensible et inerte : c'est l'*arrêt fonctionnel*. Le segment digestif s'est trouvé en face d'une tâche anormale à remplir ; il a déployé un instant des forces exagérées, puis il a succombé.

Tel est le fait qui nous permet de conclure que le *segment faible* lutte peu, résiste mollement avant de tomber dans cet état de faiblesse dont nous avons étudié précédemment et la nature et les caractères objectifs. En un mot, *courte résistance, lutte ébauchée en face de l'obstacle créé par la surcharge*, voilà un troisième trait qui distingue le *segment faible*.

3° Après la *quantité*, il nous reste à envisager la *qualité* de l'aliment. Dans ses relations avec la surface de la cavité digestive, on peut dire que l'aliment est doué de propriétés excitantes *normales, exagérées* ou *insuffisantes*.

En face de l'excitant normal l'organe agit dans la plénitude de ses moyens. Ce sont les deux extrêmes de l'échelle des excitations qui créent le fonctionnement pathologique. Or, trait véritablement caractéristique du segment faible, l'insuffisance et l'exagération des propriétés excitantes de l'aliment sont également mal tolérées et entraînent les mêmes conséquences funestes. Toutefois, si l'intensité de l'excitation ne varie que dans des limites restreintes, il faut savoir que le *défaut* en est moins bien toléré que *l'excès*.

Cette considération vise les excitations de courte durée, qui effleurent seulement la surface digestive, et, titillations fugitives, ne font que surexciter momentanément l'irritabilité vitale sans entrainer cet ébranlement prolongé avec épuisement consécutif, apanage du vrai fonctionnement, de l'utilisation totale des forces disponibles. Ce dernier travail, qui est d'intensité toujours définie, de durée déterminée, est bien différent de l'état d'excitation éphémère, d'éréthisme paroxystique, qui convient au *segment faible*. C'est qu'il existe deux classes d'aliments excitants, correspondant aux deux formes de travail fonctionnel que nous venons de distinguer : les *excitants lents*, que le segment faible ne supporte pas ; les *excitants vifs* qui répondent heureusement aux dispositions organiques, aux aptitudes réactionnelles de notre segment.

Il semble que le *segment faible*, avec sa constitution anatomique plus ou moins débile et sa sensibilité en quelque sorte maladive, ait besoin d'être aiguillonné constamment par *des aliments dont les propriétés excitantes dépassent la normale*. Rien n'est désastreux pour la vitalité de ce segment comme le contact répété d'un *aliment émollient*, incapable de faire naître ce degré d'éréthisme légèrement exagéré qui est pour le segment faible la condition d'un bon fonctionnement. Un peu excité, le segment faible se tient et suffit à une besogne parfois étonnante ; sans excitation, il tombe et s'affaise, il se sténose et voit toutes ses forces devenir languissantes. En résumé, mieux vaut un aliment légèrement irritant qu'un aliment franchement émollient, à condition que la masse en soit réduite.

Le *segment faible* succombe en face de la *surcharge*, qu'elle soit composée d'aliments excitants ou non excitants, avec une égale rapidité, tandis qu'au contraire il peut résister d'une manière surprenante aux phénomènes d'excitation des aliments en l'absence de toute surcharge.

Au total, *le segment faible redoute avant tout la surcharge et les propriétés émollientes ; il supporte dans une certaine mesure, exige même les propriétés excitantes qui lui donnent un surcroît de vitalité favorable à son libre fonctionnement.*

A propos des qualités excitantes de l'aliment et des réactions qu'elles provoquent le long du canal alimentaire, le tableau symptomatique qui en est l'expression peut se traduire d'un mot, le *spasme.* De même que dans le segment digestif, considéré au point de vue statique, le défaut de tension de la paroi et la diminution de calibre objectivent en quelque sorte toutes les modifications amenées par la diète, de même la *digestion* anormale réside tout entière symptomatiquement dans les mille variétés de la *contraction spasmodique.* La faiblesse, l'hyposthénie restent les troubles primitifs, fondamentaux, succédant immédiatement à la cause pathogène ; mais ce n'est là que le terrain sur lequel se développent, à l'occasion de la fonction, les mille formes de l'*État spasmodique.*

La contraction spasmodique. qui a son siège dans les plans musculaires, nous indique la nature des phénomènes qui se passent conjointement dans les autres systèmes, congestions variables de siège et d'intensité, alternatives de sécrétions exagérées et d'épuisement glandulaire, zones d'anesthésie côtoyant des zones d'hyperesthésie, etc. On conçoit aisément que la variabilité, la mobilité sont les caractères essentiels de toutes ces manifestations pathologiques et que ces caractères se dessinent avec une netteté d'autant plus grande dans le *segment faible* que celui-ci répond mieux à sa définition *d'organe anatomiquement faible et physiologiquement irritable.*

4° Nous avons étudié l'action des ingesta sur les parois de notre *segment faible.* Il nous reste à dire un mot d'un élément dont l'influence est loin d'être négligeable, quoique moins importante ; nous voulons désigner *l'air atmosphérique.*

Déjà nous savons que, grâce à son état de tension éminemment variable, le gaz intérieur s'harmonise avec les autres éléments constituants du segment ; nous savons

qu'après l'extinction de l'éréthisme fonctionnel, il reste,
du fait de la *vitalité* de la cavité qui le contient, à un
degré de tension suffisant pour prévenir l'accolement des
parois du canal ; nous savons encore que pendant le
travail fonctionnel la tension gazeuse s'accroît parallèlement à l'éréthisme de tous les autres systèmes et se transforme ainsi en une cause d'excitation de même nature que
l'excitation alimentaire. Il est aisé de comprendre que cet
accroissement de la tension gazeuse intérieure crée une
sorte de point d'appui destiné à faciliter encore le péristaltisme digestif. Tels sont les faits essentiels auxquels se
réduit le rôle de l'air atmosphérique dans l'acte digestif.

Mais les qualités, la quantité, la tension moléculaire de
cet air ne sont point invariables ; ce n'est point là une
*constante* que le clinicien puisse négliger. Notre cavité
segmentaire est en libre communication avec l'air extérieur ; l'air qui la remplit est l'image exacte et fidèle du
milieu atmosphérique ambiant. Le *segment faible*, disons-
le immédiatement, est particulièrement influençable aux
phénomènes atmosphériques. Si c'est l'hyposthénie qui
domine, l'introduction d'un air excitant, fortement oxy-
géné, peut suffire pour rendre la tonicité à ses parois et
en relever la vitalité jusqu'à la normale. Si, au contraire,
le spasme et son cortège de phénomènes hypersthéniques
accaparent la scène morbide, il faut chercher dans un air
peu excitant, de tension subnormale, l'adjuvant nécessaire à la bonne digestion des ingesta.

On comprend d'ailleurs que, les conditions de terrain étant essentiellement variables, ces règles doivent
subir des modifications suivant une foule de circonstances,
que nous chercherons à préciser quand nous serons dans
le domaine de la clinique proprement dite. Il est toutefois
un fait que l'expérience nous a enseigné et que nous tenons
pour à peu près constant : c'est l'influence désastreuse de
l'air humide sur la paroi digestive, s'il s'agit du *segment
faible*. Il semble que la vapeur d'eau en suspension dans

l'air pénètre cette paroi, la ramollisse et lui enlève, sans le secours d'aucune autre cause, assez de sa tonicité pour créer un état pathologique, notamment, au point de vue objectif, le défaut de *tension*.

Cette action de l'air atmosphérique sur les phénomènes digestifs est trop négligée, trop inconnue et nous l'estimons trop importante aussi bien en pathogénie qu'en thérapeutique ; aussi l'avons-nous abordée dès le début, à propos de cette étude schématique, désirant qu'elle laisse dans l'esprit du lecteur un souvenir aussi précis, une impression aussi nette, que l'étude de l'aliment lui-même.

Résumons dans le tableau suivant les traits caractéristiques du *segment faible* :

| | |
|---|---|
| Diète.............. | Hyposthénie d'emblée, rapide. |
| Surcharge alimentaire..... | Hyposthénie après courte résistance. Relèvement rapide. |
| Aliments excitants vifs.... | Bien tolérés, utiles même dans une certaine mesure. |
| Aliments excitants lents... | Mal supportés. |
| Aliments émollients ...... | Particulièrement nocifs. |
| Air .... ........... | Tolérance variable. — Air humide toujours nocif. |

### *B.* Du Segment digestif fort

Le *segment fort*, qu'il nous reste à étudier maintenant, se distingue du précédent par des caractères bien tranchés que les diverses influences pathogènes vont mettre en évidence.

Nous savons qu'il est de structure anatomique grossière, de charpente solide et résistante, par contre, d'une irritabilité lente à s'éveiller, d'une sensibilité plus ou moins obtuse ; en un mot, tous les processus vitaux dont il est le siège s'accomplissent avec lenteur, répondent obscurément à l'aiguillon qui en sollicite l'activité, mais en revanche offrent une puissance d'action considérable que les petites causes pathogènes ne réussissent pas à entraver. Tels sont les traits essentiels du *segment fort* à l'état physiologique.

1º La *diète*, c'est-à-dire la suppression momentanée de toute excitation alimentaire, amènera évidemment un état marqué d'hyposthénie, amoindrira la vitalité de notre segment, mais d'une façon lente et graduelle ; l'obscurité de ses processus vitaux d'une part, la résistance organique de ses éléments d'autre part, expliquent suffisamment que notre segment puisse vivre longtemps sur son propre fonds sans venir puiser à la source de l'excitation alimentaire. Notons en passant que la rénovation de ses tissus par les molécules nutritives obéit aux mêmes lois. En définitive, *hyposthénie obscure et tardive*, telle est la conséquence précise de la diète agissant sur le *segment fort*.

Cette modalité réactionnelle est véritablement la clef de voûte de cette étude. Nous allons en déduire très simplement les particularités concernant l'influence de la *surcharge alimentaire* et des *propriétés variées de l'aliment et de l'air atmosphérique*.

2º En face d'une masse d'aliments trop considérable, notre segment fort ne paraît pas gêné de prime abord ; ce poids, cette résistance toute mécanique sont en quelque sorte dans l'axe de sa puissance matérielle, et, en définitive, après un premier effort fonctionnel, s'il est au-dessous de sa tâche, cette infériorité est peu manifeste et modifie à peine l'aspect objectif de l'organe. Ce n'est véritablement qu'après une longue série d'efforts de plus en plus insuffisants qu'éclate la *faiblesse réelle* et que l'observateur peut saisir nettement les signes objectifs, *défaut de tension* et *réduction de calibre*.

La lutte a été longue, d'autant plus longue qu'elle s'est organisée peu à peu et que la défaite également n'a été qu'une série de défaillances d'intensité croissante. Telle est la manière dont les faits pathologiques doivent être envisagés, quel que soit l'élément anatomique considéré, vaisseau, fibre nerveuse, faisceau musculaire ou cellule glandulaire. En d'autres termes, contractions musculaires ou péristaltisme, vibrations nerveuses sensitivo-motrices, replétion des réseaux circulatoires, sécrétions glandulaires, constituent autant de processus qui s'acheminent avec lenteur, soit vers la maladie, soit vers la guérison.

Mais si, à ce point de vue, la différence est radicale, qui sépare le *segment fort* du *segment faible*, le fond des choses reste le même, l'essence de la maladie est identique dans l'un et l'autre : c'est la faiblesse pure et simple d'abord, puis l'éréthisme qui vient la masquer et susciter les moyens de tenir tête à la surcharge alimentaire, jusqu'à ce que, l'épuisement étant consommé, l'organe s'affaisse dans un état voisin de l'inertie. On trouve d'ailleurs, en raccourci, dans ce petit tableau la vie tout entière d'un malade. Nous reviendrons sur ce sujet dans un chapitre ultérieur. Contentons-nous ici de souligner la conclusion : la surcharge alimentaire provoque dans le *segment fort* des phénomènes de résistance énergiques, à évolution lente, à longue portée, qui en rendent la pathologie latente pendant un laps de temps notable.

Ce sont là des qualités réelles qui assignent au *segment fort* une prééminence spéciale. Toutefois ces avantages ne vont point sans inconvénients, d'ailleurs faciles à prévoir : cette lenteur des processus aboutit à une désorganisation véritable et profonde des tissus de l'organe, tant à cause de l'insensibilité à l'action pathogène qu'à cause de la durée de la phase de résistance. Quand notre segment, débarrassé de la surcharge, va reprendre son fonctionnement normal, nous le trouverons amoindri, de vigueur diminuée. Et si cette épreuve se répète, nous aurons à chaque relèvement une vitalité moindre qui rapprochera le *segment fort* du *segment faible*, sans que jamais cependant l'un et l'autre puissent être confondus par le clinicien attentif.

Après une lutte de longue durée, après les multiples épisodes de la résistance et de la déchéance, arrivé à la phase d'épuisement, le *segment fort* acquiert, en effet, une *excitabilité* particulière, rappelant l'excitabilité naturelle du segment faible; elle en diffère cependant en ce qu'au lieu de traduire les propriétés natives du segment et de répondre aux excitants par la mise en branle de la fonction totale, conformément à ce qui se passe dans le segment faible, cette excitabilité morbide ne provoque que le désordre fonctionnel et un désordre tumultueux qui contraste avec la lenteur régulière des processus à l'état de santé; en outre, cette excitabilité du segment fort malade ne demande point à être aiguillonnée, comme celle du segment faible, et la fonction est d'autant plus parfaite que l'aliment s'adresse moins à cet état d'excitabilité, c'est à-dire jouit de propriétés plus émollientes.

C'est là le schéma, réduit à ses lignes les plus essentielles, de la symptomatologie protéiforme, en apparence insaisissable, des malades qui forment la grande catégorie des *Névropathes* (1).

Ces considérations nous amènent à parler des réactions suscitées, non plus par la surcharge, par la masse, mais par les qualités plus ou moins excitantes du bol alimentaire.

3° Si le *segment fort* voit ses fonctions s'améliorer, se perfectionner en proportion d'une surcharge maintenue dans de sages limites, en revanche il repousse tout aliment qui, sous un petit volume, tend à accélérer, à brusquer en quelque sorte l'entrée en activité de ses divers appareils. En rangeant toujours les *ingesta* sous trois chefs, excitants francs, excitants ordinaires, émollients, nous voyons notre segment pencher d'une façon non équivoque

(1) C'est une étude qui trouvera sa place dans le Tome II. Elle prête à de nombreux et intéressants développements.

du côté des *émollients*. Ceux-ci semblent s'harmoniser, pour ainsi dire, au processus graduel et lent de ses mutations nutritives et de ses poussées d'éréthisme fonctionnel. Et parmi les aliments excitants, le *segment fort* accepte dans une certaine mesure la catégorie des excitants à longue portée, rejetant ceux dont l'action est à la fois brusque et momentanée. Ce sont, en définitive, les aliments de cette dernière classe qui créent l'état morbide avec le plus de facilité et de fréquence, la suralimentation excessive mise à part.

4° Et maintenant quel rôle est dévolu au gaz intérieur? A l'état normal, ce rôle est obscur en raison du peu d'excitabilité de la paroi digestive. L'air contribue, il est vrai, à maintenir la béance du segment; mais ses qualités de tension, d'humidité ou de sécheresse, son degré d'oxygénation, passent, on peut le dire, à peu près inaperçus. C'est à mesure que l'état pathologique s'accuse, que les qualités de l'air cessent d'être indifférentes; à un degré moyen de désorganisation, le *segment fort* aime l'air mou, légèrement humide, sous pression faible. Nous n'en saurions dire davantage.

En récapitulant les caractères du *segment fort*, nous pouvons dresser le tableau synoptique suivant:

| | |
|---|---|
| Diète................. | Hyposthénie lente et légère. |
| Surcharge alimentaire..... | Favorable en deçà de certaines limites, nécessaire même; au delà, hyposthénie profonde après résistance énergique et longue, après épuisement graduel.<br>Relèvement difficile, lent et incomplet.<br>Désorganisation. |
| Aliments excitants vifs.... | Mal tolérés à l'état normal; plus mal tolérés encore à la phase d'excitabilité morbide. |
| Aliments excitants lents... | Mieux supportés, parfois utiles. |
| Aliments émollients...... | Particulièrement utiles. |
| Air atmosphérique....... | A l'état normal, indifférent; à l'état pathologique, air mou, humide, de faible pression, souvent utile. |

### III. — Du segment digestif différencié.

Avant d'aborder l'étude de l'appareil digestif, tel que nous le présente l'observation clinique, nous nous proposons encore de dessiner, à grands traits toujours, en manière de transition, un segment digestif plus complexe que le précédent, cependant schématique si on le compare à la réalité.

Nous avons dit que les ingesta font partie intégrante du segment digestif. C'est, nous le concédons, la portion la plus variable : la composition n'en est point constante ; la présence dans la cavité digestive en est intermittente. Néanmoins l'aliment est une des raisons d'être de l'appareil digestif, qui s'éteint et dans sa vie et dans sa fonction, s'il en est privé au delà d'un certain laps de temps.

Ces notions sont applicables au segment différencié aussi bien qu'au segment simple. Où commence la différenciation, c'est dans la répartition des aliments sur le trajet du canal. Dans le *segment simple*, aliments utilisables et résidus occupent une seule et même cavité, sont intimement mêlés pendant toute la durée de la fonction. Dans le *segment différencié*, la cavité se divise en trois portions : la première constitue une sorte de réservoir où la masse alimentaire vient se collecter; la seconde, destinée aux phénomènes proprement dits de la digestion et de l'absorption, puise dans le réservoir précédent au fur et à mesure de son travail ; quant à la troisième, c'est encore un réservoir où sont accumulés les résidus de la digestion attendant d'être expulsés au dehors.

Ces trois cavités jouissent de propriétés communes et se distinguent par des traits caractéristiques. Les propriétés communes, ce sont celles que nous avons assignées au segment simple. Il nous reste à énumérer et à commenter les traits distinctifs ; ce sera la matière de cette étude.

Toutefois, comme point de départ de ces développements, rappelons quelques *propriétés communes* à l'un et à l'autre segment :

*a).* — Une excitation, portée sur un point quelconque de la surface digestive, retentit sur la totalité de l'organe.

*b).* — Quel que soit le point excité, quel que soit le tissu impressionné, les autres éléments constituants du segment vibrent à l'unisson.

*c).* — L'activité vitale aussi bien que fonctionnelle ne répond physiologiquement qu'à une seule classe d'excitants, les *aliments*.

Telles sont quelques notions primordiales définitivement acquises, sur lesquelles nous n'aurons pas à revenir au cours de ces pages.

Cette subdivision du segment digestif en trois portions ayant chacune leur rôle propre semble impliquer une dissociation de l'acte fonctionnel, une succession de phases digestives distinctes, correspondant aux trois relais du bol alimentaire. En réalité, cette succession n'existe pas. Dès que l'aliment touche un point de la surface du segment différencié, les trois cavités entrent simultanément en activité. La première reçoit l'aliment, le malaxe et le déverse peu à peu dans la seconde. Celle-ci entre en éréthisme, ses parois se tendent, ses vaisseaux deviennent turgescents, ses cellules glandulaires se chargent de sucs digestifs, toutes ses forces en un mot se recueillent et se rassemblent pour accomplir bientôt la partie la plus délicate du travail de digestion, la décomposition et l'absorption moléculaires. Quant au réservoir terminal, sa fonction se résume dans la tàche purement vectrice de la masse résiduale, provenant de la digestion précédente. Tous ces actes s'accomplissent, nous le répétons, simultanément et s'éteignent en même temps. Il n'y a d'actes successifs que dans la *migration* du bol alimentaire, qui franchit l'une après l'autre les trois subdivisions de son réceptacle.

A ce propos, rappelons combien il est important de comprendre et d'admettre la simultanéité fonctionnelle des trois portions du segment et de la mettre en opposition avec les trois étapes successives à franchir par la masse alimentaire. Dans l'étude de l'appareil digestif réel, on ignore ou on oublie trop souvent ce fait essentiel ; on étudie la réaction fonctionnelle de l'estomac sans se douter que des phénomènes identiques se passent au même instant sur tout le trajet du canal alimentaire, quelle que soit la différenciation anatomo-physiologique de la région envisagée. Procéder ainsi, c'est se laisser tromper par l'apparence des choses. Et à propos du segment différencié, nous devions nous appliquer à bien dégager ce grand fait clinique, qui est un flambeau indispensable pour qui veut dissiper quelques-unes des obscurités de la pathologie digestive.

Si nous passons maintenant à l'analyse des phénomènes pathologiques du *segment différencié*, notre attention est accaparée tout d'abord par un fait primordial, l'existence de deux cavités distinctes servant de *réceptacles*, l'une à la masse alimentaire non encore élaborée, l'autre aux déchets de la digestion. Ces deux cavités, formant *réservoirs*, donnent à notre segment une physionomie propre, qu'il importe de bien mettre en lumière.

Le trouble digestif initial, avons-nous dit à propos du segment simple, c'est l'hyposthénie ; dans une seconde étape, sur le fond hyposthénique se greffent des phénomènes de suractivité provoqués par la résistance à l'obstacle. Cette suractivité n'est point limitée à tel ou tel élément anatomique du segment, mais bien généralisée à l'ensemble de ces élément, nerfs, vaisseaux, glandes et muscles. Mais il arrive que la suractivité d'un de ces éléments, l'élément glandulaire, s'objective seule, et en voici la raison : pendant la phase de lutte, la sécrétion glandulaire s'exagère, au même titre que tous les autres processus digestifs, dans la mesure exacte commandée par les nécessités de la résistance. A un moment donné, la puissance digestive faiblit, toutes ses forces composantes cèdent, partant la fonction évacuatrice du réservoir supérieur devient insuffisante ; de là la stagnation de son contenu, représenté à cet instant de la phase fonctionnelle presque exclusivement par les produits de la suractivité glandulaire. Rien de pareil, on le comprend, dans notre segment simple où se trouvent mélangés dans une cavité unique aliments, liquides glandulaires et résidus digestifs. C'est bien parce qu'il possède un réservoir, où s'accumulent les ingesta avant tout travail fonctionnel, que notre segment différencié devient à un moment donné le siège d'une *stagnation* de liquides digestifs hypersécrétés. Et c'est à cette différenciation physiologique de réservoir que la stagnation doit de s'objectiver, de devenir un fait grossier que le palper peut aisément saisir. C'est ainsi que notre nomenclature objective s'enrichit d'un signe nouveau, de constatation facile, *la présence de liquide dans le réservoir supérieur à un moment de la phase digestive.*

La sécrétion glandulaire du tube digestif n'est donc point un phénomène isolé, autonome, obéissant à des influences propres, dont les déviations constituent autant de types morbides individualisés. A côté du liquide stagnant qui témoigne de la suractivité du système glandulaire, il y a toute une série de troubles parallèles de même gravité, de même évolution ; la seule particularité qui distingue l'appareil de sécrétion, c'est que ses déviations *s'objectivent*, grâce au réservoir qui en garde les produits.

En définitive et pour préciser, nous dirons que la présence de liquide dans le réservoir supérieur de notre segment différencié caractérise un double processus : *suractivité de l'appareil glandulaire, insuffisance de la fonction évacuatrice de ce réservoir.* Disons plus, elle nous renseigne *sur l'énergie totale dépensée pendant la lutte*, et *sur la quotité des forces restantes de toute nature au moment de la défaillance* (1).

C'est ainsi qu'un signe objectif isolé, portant sur un seul appareil, est capable de nous renseigner sur tous les autres, de nous révéler une série de réactions d'une constatation directe irréalisable, cependant nécessaires à connaître pour l'exacte interprétation de la maladie. Ces quelques notions élémentaires nous permettent déjà d'entrevoir l'incertitude et le côté fantaisiste des nombreuses théories émises pour expliquer le rôle des sécrétions gastriques ; d'un autre côté, elles nous présentent la question sous son vrai jour, et nous laissent pressentir la facilité avec laquelle le problème clinique va trouver sa solution. Tant il est vrai que les phénomènes en apparence les plus complexes peuvent s'éclairer soudain d'une façon saisissante, si on sait les envisager en quelque sorte *à l'état naissant !*

Dans cette étude sur la première cavité-réservoir du segment différencié, une seconde particularité mérite de nous arrêter. Dans le segment simple surchargé et surmené, c'est d'abord l'hyposthénie, puis le ressaisissement de l'organe et la lutte contre l'obstacle à son libre fonctionnement ; objectivement, tous ces phénomènes se traduisent, nous l'avons dit, par une diminution de la tension des parois de la cavité et par une réduction de sa capacité. Dans l'hyposthénie pure, consécutive à la diète, la réduction de capacité n'est pas douteuse. Dans l'hyposthénie, consécutive à la surcharge, qui s'accompagne d'une suractivité momentanée de l'organe tout entier, il eût été plus juste de dire qu'il se produit pendant la lutte un accroissement de la cavité et que la réduction n'apparaît qu'après la cessation de cette phase de suractivité ; qu'en d'autres

_______

(1) En traitant de la *Palpation de l'Estomac*, nous aurons à commenter cette importante proposition.

termes, le calibre du segment varie, se retrécit ou s'élargit, suivant le moment de la phase digestive pathologique. Mais cette variabilité du calibre du segment simple est imperceptible au point de vue objectif, par conséquent de valeur clinique négligeable. C'est pourquoi nous n'en avons pas tenu compte. Avec le *segment différencié*, elle acquiert au contraire une véritable importance symptomatique et exige quelques développements.

La distension d'une cavité s'explique soit par le manque de résistance de ses parois soit par l'existence d'un obstacle à son évacuation. Voyons ce qui se passe dans notre cavité schématique à la suite de la surcharge. La masse alimentaire exagérée est introduite ; la paroi excitée se tend *proportionnellement* au poids qu'elle doit supporter, partant la cavité reste de même capacité qu'avant l'introduction des aliments. Mais cet effort de tension, au-dessus de la puissance physiologique des plans musculaires digestifs, ne peut se maintenir à ce niveau pendant toute la durée du travail fonctionnel qui doit effectuer le débarras du réservoir ; à un moment, plus ou moins voisin de la phase terminale de ce travail, la tonicité faiblit, la paroi cède, la cavité s'agrandit par relâchement dans une mesure proportionnée aux efforts précédents de tension. Et c'est ainsi que se conçoit l'agrandissement du réservoir supérieur de notre segment différencié, à un moment précis de la phase fonctionnelle. Mais cet agrandissement est passager comme la faiblesse qui le commande ; la tonicité musculaire se ressaisit et la cavité retrouve ses dimensions normales avec le temps de repos de la fonction. Cette *distension passagère* du réservoir des aliments constitue un nouveau signe objectif qui vient s'ajouter à celui que nous avons appris à connaître, à savoir la présence de liquide résidual. Ces deux signes sont d'apparition contemporaine et caractérisent le même instant de la phase digestive du segment différencié : c'est dans la seconde moitié de cette phase, au moment où l'épuisement se manifeste et avant le ressaisissement du repos, que la recherche clinique doit en être faite.

Quant au réservoir inférieur de notre segment différencié, que nous savons être le réceptacle des résidus de la digestion, il est le siège de phénomènes analogues à ceux que nous venons d'étudier, mais moins francs, plus obscurs ; c'est avec difficulté que nous pouvons saisir une distension, toujours de peu d'intensité et de durée, au moment précis où celle du réservoir supérieur est à son maximum. C'est qu'ici la fonction mécanique est d'une puissance moindre, d'une spécialisation moins franche ; la destination physiologique de ce réservoir est en effet de recevoir par portions successives, et non en une seule fois, une masse résiduale d'ailleurs considérablement réduite dans son volume et dans son poids soit par l'absorption soit par les changements moléculaires survenus aux divers relais que constituent les trois portions du segment différencié. Toujours est-il que le rejet des matières excrémentitielles est incomplet et irrégulier ; à celles-ci se mêlent les liquides anormalement sécrétés ; les parois atones de notre réservoir inférieur s'affaissent plus ou moins sur la masse résiduale, de telle sorte que la cavité ne tarde pas à disparaître, remplacée par une *masse empâtée*, saisissable à la palpation, nouveau signe objectif à ajouter aux précédents.

La cavité intermédiaire aux deux réservoirs, ayant gardé les prérogatives anatomo-physiologiques du *segment simple*, ne fournit aucun élément nouveau d'appréciation clinique.

En résumé, la différenciation du segment digestif et la subdivision de sa cavité en trois portions distinctes entraînent l'apparition de plusieurs signes objetifs de valeur décisive :

*Présence de liquide résidual dans le réservoir supérieur avant l'extinction de l'éréthisme fonctionnel ;*

*Distension contemporaine du même réservoir ;*

*Transformation du réservoir inférieur, après ébauche de distension, en une masse plus ou moius consistante, isolable par le palper du reste du segment qui a conservé sa tension et son élasticité normales de cavité vivante.*

Mais les modalités objectives du segment différencié ne répondent pas toujours au tableau que nous venons d'esquisser, ou plutôt nous les voyons s'estomper ou s'accuser suivant qu'elles traduisent la fonction patholo-gique du segment différencié fort ou celle du segment différencié faible.

Etudions les caractères objectifs propres à chacun de ces segments différenciés.

### A. Du Segment différencié faible

Le réservoir supérieur, à raison de sa grande excitabilité, va entrer en activité sous une excitation modérée, que celle-ci résulte du poids des aliments ou de leurs qualités propres ; et, comme cette mise en train est la mesure de sa puissance fonctionnelle ou, qu'en d'autres termes, dès que l'éréthisme est à son apogée, l'introduction des aliments doit être suspendue, il s'ensuit que la masse alimentaire bien tolérée sera toujours petite. C'est là une conséquence éminemment heureuse, qui est la sauvegarde du segment tout entier.

La divison du travail aboutit, dans le cas particulier, à préciser la tâche qui est assignée au segment pour chaque phase digestive. On conçoit que si l'aliment est très exci-tant, une quantité moindre sera tolérée ; au contraire la masse suppléera au défaut d'excitation, s'il s'agit d'un aliment émollient. Telles sont les conditions du fonction-nement physiologique. La nature s'y conforme parfois, dans certains cas, d'une manière merveilleuse et on peut voir la fonction digestive se maintenir dans les limites de la physiologie pendant un temps fort long malgré une débilité organique native véritablement extrême. Mais à côté de cette sensibilité exquise, qui donne à la cavité supérieure de notre segment les qualités d'une balance de précision, combien d'organisations moins heureuses qui laissent la porte grande ouverte aux désordres les plus variés !

Sans que nous soyons obligés de revenir sur les attributs essentiels du segment faible, il est aisé de comprendre que le moindre trouble va se traduire par une distension excessive de la cavité-réservoir supérieure, par une quantité exagérée de liquide résidual, et par une consistance d'autant moindre de la cavité inférieure que la masse excrémentielle aura été plus délayée par les liquides anormalement sécrétés. Mais cet *éclat* symptomatique de notre segment ne va pas sans un épuisement proportionnel, et les effets de cet épuisement sont en raison directe de la débilité anatomique de l'organe. Nouvelle conséquence, qui forme un des caractères propres du segment différencié faible : *un petit nombre d'excès aboutit à l'inertie, c'est-à-dire à l'anéantissement de toute excitabilité, et, au point de vue objectif, au défaut de tension, à la diminution de calibre de la cavité tout entière.* Mais le repos est le grand remède et le relèvement est aussi rapide et complet que la chute a été soudaine et profonde. En dernière analyse, c'est dans le segment différencié faible que la segmentation de la cavité digestive donne lieu aux signes objectifs les plus grossiers et crée par conséquent la disposition la plus heureuse dans ses effets prophylactiques.

*B.* DU SEGMENT DIFFÉRENCIÉ FORT.

Ici la segmentation a des conséquences moins favorables.

Nous avons montré précédemment que le segment digestif fort, en raison de son défaut d'excitabilité, appelle

en quelque sorte la surcharge alimentaire, que ce mode
d'excitation tout grossier, purement mécanique, convient à
sa texture puissante, à son état de sensibilité comme
engourdie. La création d'une cavité spécialement destinée
à collecter les aliments accroît encore cette tendance ; et
comme dans le cas particulier la limite qui sépare la surcharge bienfaisante de la surcharge nocive manque de
précision et se laisse difficilement percevoir, on conçoit
que l'excès va devenir la règle.

En second lieu, pendant un laps de temps considérable,
la fonction digestive va être adultérée sans signes objectifs
bien nets, et, quand ceux-ci apparaîtront, c'est que la
force vitale de notre segment aura diminué dans des proportions notables. Les modifications objectives seront
moins mobiles et moins franches, en définitive, de constatation moins aisée que dans le *segment différencié faible*
Et la sévérité du pronostic devra se tirer de l'état anatomique fondamental et non de l'éclat du signe qui va le
révéler.

De même, en poursuivant la comparaison avec le segment différencié faible, on peut dire *que le relèvement est
plus lent et moins parfait, si la défaillance est moins profonde et moins prompte.* Et après un certain nombre de
rechutes, notre *segment différencié fort* va se trouver irré-
médiablement enlisé dans un état qui n'est pas l'*inertie*,
mais une déchéance permanente par épuisement de l'excitabilité et par désorganisation des éléments anatomiques.
C'est au cours de cette phase terminale qu'il est donné de
constater une *dilatation constante* du réservoir supérieur,
dont le mécanisme est le suivant : obéissant à sa destination de réceptacle, cette cavité a vu ses forces mécaniques prendre un développement prépondérant, ses
plans musculaires s'*hypertrophier* à un moment où déjà
les autres systèmes anatomiques avaient atteint les limites
de leur *accroissement* possible. Cette cavité devenant de
plus en plus un organe purement mécanique, l'appel de la

surcharge se fait de plus en plus pressant. La suralimentation est encore tolérée que déjà toutes les autres fonctions, nerveuses, secrétoires, vasculaires, sont agonisantes
et d'une insuffisance manifeste.

Nous trouvons là pour la première fois un de ces
exemples de spécialisation et de prépondérance d'un appareil organique dues aux exigences diverses de la lutte pour
la vie. A l'origine, c'est l'égalité parfaite, la synergie absolue ; puis, avec la maladie, un système acquiert peu à peu
une force exagérée, ses éléments primitifs s'hypertrophient,
et, à un moment donné, c'est de ce système, devenu en
quelque sorte monstrueux, que l'appareil tout entier tient
sa force de résistance aux agents de trouble et de mort. La
clinique va nous offrir des types curieux qui répondent à
cette esquisse sommaire.

Quoi qu'il en soit, notre cavité ne résiste pas indéfiniment :
sa tonicité s'épuise, ses plans musculaires cèdent. Elle
s'agrandit et garde constamment des dimensions exagérées ; *elle est dilatée*. C'est là un signe objectif de haute signification. On comprend que cette dilatation n'a rien de
commun avec la distension passagère et variable qui répond
à un moment de la phase digestive et disparaît avec celle-
ci, pour se reproduire à nouveau si l'ingestion alimentaire
suivante ne répond pas aux qualités du segment digestif.

Que se passe-t-il dans les autres portions de notre segment différencié fort pendant l'évolution de l'hypertrophie
musculaire de la cavité supérieure ? Cette surcharge constante n'est pas sans influer également sur le développement
de leurs plans musculaires ; toutefois c'est une hypertrophie modérée, nullement prépondérante, du moins au point
de vue objectif, et on peut dire que la désorganisation des
deux cavités inférieures atteint uniformément toute l'épaisseur des parois, laissant au seul réceptacle le privilège de
la *transformation musculaire* avant la déchéance et la
mort. Au-dessous de ce réceptacle, nous n'aurons donc
d'autres signes objectifs que ceux notés plus haut, faible

tension et réduction de calibre de la partie moyenne, affaissement et consistance plus ou moins solide de la partie terminale.

Nous pouvons condenser dans le tableau suivant les traits essentiels de notre segment digestif différencié :

TROIS CAVITÉS :

Supérieure.............    Réservoir des aliments.
Moyenne................    Organe proprement dit de la digestion.
Inférieure.............    Réservoir des résidus.

DIGESTION NORMALE :

Trois étapes dans la migration du bol alimentaire. } Pas de signes objecfifs.
Synergie fonctionnelle des trois cavités......... }

DIGESTION PATHOLOGIQUE :

Signes objectifs :

Réservoir supérieur....... { Distension fonctionnelle.
                          { Accumulation fonctionnelle de liquides.
Réservoir inférieur....... { Affaissement.
                          { Consistance solide.

| SEGMENT DIFFÉRENCIÉ FAIBLE | SEGMENT DIFFÉRENCIÉ FORT |
| --- | --- |
| Le réservoir supérieur est la mesure exacte de la quantité d'aliments.<br><br>Brusquerie et courte durée des signes objectifs. | Le réservoir supérieur appelle la surcharge.<br><br>Apparition et disparition *lentes* des signes objectifs.<br><br>Nouveau signe objectif: *dilatation permanente* du réservoir supérieur; son mécanisme et sa signification. |

Nous ne pouvons terminer cette partie de notre étude sans souligner un des enseignements cliniques qui s'en dégagent. Nous avons assisté à la complexité croissante des phénomènes biologiques, qui constituent la fonction digestive normale et pathologique. Ces phénomènes sont d'ordres divers, portent sur des tissus variés et se résolvent en des réactions extrêmement nombreuses que la langue la plus riche serait impuissante à traduire. Le clinicien en a une représentation mentale plus ou moins com-

plète; sa plume n'en peut exprimer qu'une faible portion
et le livre n'en est qu'un pâle reflet. Mais là n'est point le
côté sur lequel nous désirons nous appesantir.

A mesure que la fonction se complique, que l'organe se
divise et se subdivise pour se différencier, que voyons-
nous? Un signe objectif apparaît, puis un second, un troisième, etc. ; l'organe devient de plus en plus à la portée de
nos sensations. Or, ce signe objectif, quelle en est la valeur?
Est-il la maladie? En est-il seulement la traduction adéquate? Telles sont les questions qui se posent impérieuses
et qui ne sauraient trouver le clinicien indifférent.

Le signe objectif n'est l'extériorisation que d'une minime partie des processus morbides qui se passent dans
l'intimité des tissus de l'organisme. C'est le jalon qui
marque la route ; mais ce n'est point la route. Et si l'observation exacte d'un signe objectif est chose fort difficile,
combien plus délicate en est l'interprétation. Déjà, dans
notre tube digestif simplifié, nous voyons un signe, tel que
la présence de liquides dans la cavité à un moment de la
fonction, évoquer dans l'esprit toute une série de pensées
sur la nature du trouble qui a engendré ce phénomène.
On comprend combien plus complexes seront *chez le
malade* et l'observation et l'interprétation de ce même
signe objectif. C'est pour avoir méconnu cette vérité que
des hommes dépourvus de sens clinique, observant sans
méthode, à l'aventure, ont élevé certains signes objectifs
à la hauteur d'entités morbides.

# CHAPITRE II

---

### I. — Considérations générales.

1º Les propriétés vitales du tube digestif varient avec l'âge. — 2º L'évolution de la maladie se divise en trois phases : *phase ascensionnelle, phase d'état* et *phase de décroissance.* — 3º Sur *l'état chronique* se greffent deux formes épisodiques : *état subaigu* et *état aigu.* — 4º Définition de *l'atonie*, du *spasme* et de la *contracture*, de *l'inertie* et de *l'état parétique.*

### II. — De l'inspection de l'abdomen.

*A.* Esquisse pathogénique des variations de forme et de volume de l'abdomen.

*B.* Inspection du tube digestif faible.

*C.* Inspection du tube digestif fort : gros ventre de l'enfant et gros ventre de l'adulte.

*D.* Rôle de la paroi abdominale ; hernies et grossesses.

---

### I. — Considérations générales.

Les divers aspects sous lesquels nous avons considéré le segment digestif, les caractères primordiaux de la fonction que nous avons dégagés chemin faisant, les signes objectifs enfin qui nous révèlent le trouble de cette fonction et dont nous nous sommes efforcés de saisir et la raison d'être et la valeur sémiologique, tels sont autant de jalons placés sur notre route qui doivent faciliter notre marche en avant et aussi permettre au lecteur de nous suivre sans trop de peine, nous l'espérons, sur le terrain de la clinique proprement dite.

Le tube digestif de l'homme est un tout fort complexe pour le physiologiste, relativement simple pour le clinicien. Celui-ci, en effet, ne peut et ne doit envisager que les parties de ce tout qui se révèlent à l'observation externe

par un signe quelconque. Or, ainsi délimité, le tube digestif comprend : l'estomac, l'intestin grêle, le gros intestin et
le foie. Le pancréas se trouve écarté de notre étude, bien
qu'il fasse partie intégrante de l'appareil. Cette lacune est
de minime importance ; nous savons en effet que les diverses
portions de notre appareil fonctionnent synergiquement et
que la désorganisation (traumatismes et tumeurs mis à
part) ne peut se faire sur un point sans que la totalité de
l'appareil en ressente le contre-coup. De la constatation
de tel ou tel signe portant sur le segment que nous pouvons connaître, il est aisé de déduire l'état approximatif
des portions profondément situées qui se dérobent à tous
les moyens d'investigation. D'ailleurs, si notre dire paraît
théoriquement prêter le flanc à la critique, la pratique ne
laisse aucun doute et entraîne bien vite la conviction chez
l'observateur familiarisé avec les faits cliniques.

Les divers segments du tube digestif, y compris le foie,
reposent dans une cavité pourvue d'une paroi musculo-
élastique, d'un squelette osseux, de vaisseaux et de nerfs.
La forme de cette cavité, la tonicité et la résistance de ses
parois ne sont pas sans exercer une influence précise sur
le fonctionnement des organes qui la remplissent. Toutefois cette influence est en quelque sorte accessoire et nous
nous contenterons de consacrer quelques pages, à la fin de
ce chapitre, au rôle propre de la paroi abdominale.

Avant d'entrer dans le vif de notre sujet, qui est l'inspection de l'abdomen, quelques considérations d'ordre
général nous semblent nécessaires.

1° Le tube digestif de l'homme, comme l'organisme dont
il fait partie, traverse trois phases successives d'évolution :
la *croissance*, la *maturité* et la *vieillesse*. Il exige une nourriture différente, cela se conçoit, suivant qu'il appartient à
un enfant, à un adulte ou à un vieillard. A défaut du bon
sens et de l'expérience, la tradition suffit à nous édifier à
ce sujet. Tout le monde sait que les aliments doux con-

viennent particulièrement à l'enfant, que l'alcool sous toutes ses formes, les boissons excitantes sont chose nocive à cet âge ; pour l'adulte, c'est la nourriture variée, c'est surtout la quantité que réclame l'activité propre à cette phase de la vie ; enfin le vieillard mange moins, mais en revanche ne craint point les substances légèrement excitantes ; le dicton populaire traduit cette pensée : « Le vin est le lait du vieillard. »

L'homme bien portant sait varier sa nourriture suivant les âges. Dans l'état de maladie, l'âge est un facteur non moins important que le médecin ne saurait négliger au double point de vue du diagnostic et du traitement.

Notons en passant ce grand fait que les maladies de l'adulte ont pour la plupart leur point de départ dans l'enfance ; ce qui donne à l'étude de la pathologie infantile un très vif attrait et une importance de premier ordre. Tel enfant, tel adulte ; enfance indemne, âge adulte vigoureux, vieillesse tardive ; enfance chétive, âge adulte précaire, vieillesse prématurée. Or, quel appareil commande la santé de l'enfant ? Le tube digestif. Comprendre l'évolution du tube digestif de l'enfant, c'est donc remonter véritablement à l'origine des faits et se placer dans les meilleures conditions pour élucider les problèmes obscurs.

2° Ces considérations sur l'âge nous amènent tout naturellement à une question connexe, *celle de l'évolution des troubles digestifs*. De même qu'en se développant l'appareil digestif acquiert la plénitude de ses forces, atteint sa maturité, puis décline vers la vieillesse et la mort, de même la maladie, c'est-à-dire la résistance au milieu ambiant, revêt des formes différentes suivant l'âge du sujet Au début, c'est *la résistance qui s'organise*, les symptômes sont intermittents ou mal dessinés, c'est la *phase ascensionnelle*. Voici que la résistance est complète ; les symptômes sont constants, le tableau est nettement tracé, c'est la *phase d'état*. Enfin, brutalement ou par degrés successifs, l'organisme cède et se laisse terrasser, c'est la déchéance ou *phase de décroissance*.

Pour qui sait embrasser d'un coup d'œil la *vie digestive tout entière d'un individu* (nous ne disons même pas d'un *malade*, tant le tube digestif, la fonction digestive personnifient en quelque sorte la santé humaine), ces trois phases apparaissent avec une netteté saisissante. Nous dirions volontiers que c'est là un spectacle qui doit tenter la curiosité du clinicien ! La claire perception de ces lois de l'évolution morbide élève l'esprit bien au-dessus des banales contingences de la thérapeutique pharmaceutique, si nuisible au libre jeu de nos organes sains ou malades ; et le médecin, qui a devant les yeux l'évolution complète de l'organisme de son malade, n'est point embarrassé pour donner des conseils d'hygiène aussi précis qu'efficaces. C'est qu'en effet, *l'état présent* est toujours une résultante d'actes anciens qu'il importe de bien analyser et de bien connaitre ; quelle que soit la cause pathogène, les traces qu'elle a imprimées à l'organisme diffèrent suivant l'ancienneté de son action et suivant les résistances que l'organisme a su lui opposer. Toujours est-il que c'est dans la *phase ascensionnelle* que l'hygiéniste a le plus de prise sur la maladie. Pendant la *phase d'état*, le rôle du médecin reste encore facile et consiste à utiliser les *résistances* de l'organisme en en modérant l'expansion. A la *phase de décroissance* enfin toute intervention exige une prudence extrême et le thérapeute ne doit pas faire un pas sans être sûr de ne pas *nuire* à son malade, car c'est le moment des redoutables complications. Il doit savoir s'arrêter de temps en temps, dans la voie de l'amélioration, pour préciser les conditions nouvelles d'activité auxquelles l'organisme est suceptible de s'adapter. A défaut de cette prudence, la thérapeutique ne fait qu'accélérer la déchéance et précipiter la terminaison fatale. Nous verrons plus loin que ces phases évolutives du tube digestif malade ne se lient pas nécessairement aux différents âges de la vie.

3° Une troisième modalité phénoménale mérite d'entrer en ligne de compte, quand on étudie l'appareil digestif tel que la nature le présente à notre observation. Il est rare que la maladie poursuive son œuvre d'une façon constamment progressive, sans oscillations, sans secousses. Sous des influences accidentelles, on assiste à l'éclosion d'épisodes dont la caractéristique est de suspendre, d'*inhiber* passagèrement la vitalité du tube digestif dans une mesure variable.

On peut admettre deux formes épisodiques, se greffant sur l'affaiblissement à marche chronique : *l'état aigu* et *l'état subaigu*. Dans l'épisode aigu, la vitalité digestive est dans un état paroxystique ; dans l'épisode subaigu, cette vitalité est partiellement inhibée. Quant à l'état chronique, il se caractérise par l'épuisement pur et simple des forces digestives ; si le travail accompli est irrégulier et insuffisant, il est toutefois la résultante de l'*activité totale restante*. Dans l'épisode aigu ou subaigu, le travail accompli ne représente qu'une portion de ces forces restantes ; l'autre, la plus importante, est momentanément supprimée par la cause surajoutée.

Ces accidents épisodiques, dont la fréquence est extrême et la gravité réelle chez toute une catégorie de malades, méritent d'être bien différenciés de l'état chronique fondamental ; l'étiologie en est distincte, et la disparition en est assez rapide pourvu qu'une thérapeutique intempestive ne vienne pas contrarier le ressaisissement spontané du tube digestif et parfois transformer ce qui n'est qu'une défaillance momentanée en une nouvelle forme chronique plus grave que la première. On voit en effet des états subaigus persister pendant plusieurs mois ou plusieurs années, entretenus qu'ils sont par la polypharmacie, et, phénomène véritablement instructif, céder en quelques jours à une des formes de l'expectation. C'est là l'origine de ces guérisons surprenantes, enregistrées par la renommée et point de départ d'une réputation médicale.

4° Enfin, dans ces généralités, nous devons préciser le sens de certains termes qui reviendront souvent sous notre plume et correspondent dans notre pensée à des états bien définis de l'appareil digestif. A mesure que la complexité des phénomènes objectifs augmente, des termes nouveaux sont nécessaires dont la signification, est-il besoin de le dire, est toute conventionnelle. Le mot n'a pas d'autre prétention que d'éveiller l'idée non de la maladie dans son *essentialité*, mais seulement du signe objectif représentatif; c'est au clinicien à donner à ce signe objectif sa véritable valeur sans se préoccuper outre mesure de la consonance du mot qui le désigne. Ainsi est-il un terme plus banal, plus couramment employé à tort et à travers que celui d'*atonie?* (1). Et cependant il a dans notre nomenclature un sens précis. Il désigne cet état d'affaissement, de défaut de tension de la paroi digestive que nous nous sommes efforcés de saisir sur le fait en étudiant les effets de la diète sur le *segment digestif;* cet affaissement est à proprement parler le premier degré de la maladie, de l'épuisement résultant du défaut d'excitation de la paroi digestive. A la vérité, l'atonie ainsi définie est chose rare; dans la grande majorité des cas elle résulte non pas de la diète, mais de l'épuisement consécutif à l'effort produit pour surmonter la surcharge; c'est dire qu'elle se complique de phénomènes réactionnels plus ou moins marqués suivant l'excitabilité native du tube digestif. Ces phénomènes réactionnels portent, comme nous le savons, sur l'ensemble des éléments constitutifs de la paroi, mais ils ne se traduisent le plus généralement à notre observation que par une modalité musculaire, le *spasme*.

Quelle différence établirons-nous entre le spasme et la contracture? Ce sont évidemment deux phénomènes de même nature, mais qui se présentent dans des conditions différentes et n'ont point la même signification clinique :

(1) Nous emploierons indifféremment et avec la même signification les mots *atonie* et *asthénie*.

le *spasme* est passager, apparaît et disparaît dans un laps de temps très court, se montre enfin à un moment de la phase digestive qu'il sert à caractériser ; la *contracture* est un état plus durable, qui ne subit que des oscillations inappréciables du fait de la fonction, dont la caractéristique enfin est de persister pendant plusieurs phases digestives. Nous verrons, en traitant de la palpation, que ces deux états du tube digestif, *état de spasme*, *état de contracture*, ne se différencient pas moins dans leurs signes objectifs.

Deux états, de constatation plus rare et aussi plus difficile, demandent encore quelques phrases explicatives : c'est d'une part *l'inertie*, et d'autre part *l'état parétique*. *L'inertie* digestive correspond à une sorte d'insensibilité fonctionnelle presque absolue du tube digestif tout entier ; la vie semble suspendue ou tellement précaire que les *réactions morbides locales* de toute nature sont impossibles à déceler. Quant à *l'état parétique*, il traduit objectivement la phase terminale d'une pathologie digestive orageuse ; il s'accompagne de réactions très nettes, mais ayant un caractère *agonique* des mieux caractérisés.

Telles sont les notions préliminaires que les difficultés croissantes de l'analyse clinique rendent indispensables.

Nous devons maintenant aborder notre étude objective de l'appareil digestif. Il est utile de répéter que nous négligerons à dessein tous les phénomènes subjectifs, les réservant pour une autre partie de l'ouvrage. Ici nous désirons réunir en un faisceau compact tous les faits physiques révélés par *l'exploration abdominale*, et, dans une sobre interprétation, laisser éclater toute la lumière que cette méthode nouvelle est susceptible de jeter sur un des points les plus obscurs de la médecine.

L'exploration de l'abdomen s'exerce de trois manières :

par l'Inspection,

par la Palpation,

par la Percussion.

## II. — De l'Inspection de l'abdomen.

*A.* ESQUISSE PATHOGÉNIQUE DES VARIATIONS DE FORME ET DE VOLUME
DE L'ABDOMEN

L'inspection du tube digestif, c'est l'inspection du ventre.
La paroi antéro-latérale de cette cavité, de nature musculo-
élastique, se modèle sur son contenu et en reproduit toutes
les variations morphologiques. Il ne s'agit donc pas d'une
cloison résistante, dont le rôle serait de s'opposer à l'expansion de la cavité digestive et d'en neutraliser les efforts de
développement excentrique ; s'il en était ainsi, l'inspection
du ventre ne nous donnerait des renseignements précis
que sur le degré de résistance de la paroi et ne serait en
conséquence que d'un médiocre intérêt en ce qui concerne
la fonction digestive proprement dite. C'est cependant un
rôle semblable que lui attribuent les classiques, ceux du
moins qui lui ont prêté quelque attention. La vérité, c'est
que la paroi abdominale *fonctionne* à l'unisson des viscères
sous-jacents, ce qui nous autorise à en faire abstraction
pour le moment. A la fin de ce chapitre, nous préciserons
la part que la clinique nous permet d'accorder à cette
paroi dans l'évolution des phénomènes digestifs.

En étudiant les *segments digestifs*, nous avons insisté sur
une double modalité : la *distension fonctionnelle*, toute
passagère, et la *dilatation anatomique*, état permanent.
La distension passagère du segment digestif simple tout
entier, ce même phénomène appréciable seulement au
niveau du réservoir supérieur du segment différencié, d'une
part, la dilatation permanente du segment différencié tout
entier avec prédominance manifeste au niveau du réservoir supérieur, d'autre part, tels sont les faits que l'inspection est à même de déceler en tant que signes extérieurs
soit du dynamisme digestif momentané, soit de l'état anatomique permanent des parois du canal alimentaire.

Voyons ce que nous apprend la clinique.

L'estomac a pour fonction principale de servir de réservoir à la masse alimentaire, qu'il déverse par portions successives dans l'intestin, après l'avoir préalablement imprégnée de ses sucs et décomposée dans une certaine mesure.

C'est dans l'intestin grêle, point d'arrivée des produits de sécrétion et du foie et du pancréas, lui-même pourvu d'un riche appareil glandulaire, que s'accomplissent les phénomènes ultimes de la décomposition moléculaire et que se fait cette sélection merveilleuse aboutissant à l'absorption d'une partie des aliments et au rejet de toute la masse impropre à la rénovation de nos tissus, sous forme de déchets qui viennent s'accumuler dans le gros intestin. Celui-ci est à proprement parler le réceptacle des matières inutilisables et sa fonction exclusive est de les rendre au milieu extérieur d'où elles sortent. Telles sont les données essentielles qui suffisent au clinicien pour aborder l'étude objective de la digestion.

L'acte digestif pathologique, nous l'avons appris, est toujours la résultante d'une double modification survenue dans la vitalité de l'appareil : *asthénie fondamentale, hypersthénie fonctionnelle.* Ces deux phénomènes sont étroitement corrélatifs ; ce sont comme les deux plateaux d'une même balance, dont l'un ne peut s'abaisser sans que l'autre s'élève dans une mesure strictement égale. Tant que la faiblesse initiale est peu marquée, les phénomènes d'hypersthénie compensatrice sont eux-mêmes insignifiants : les oscillations de la vitalité digestive sont négligeables. C'est la santé ou c'est la maladie compensée. Mais, à un moment donné, la gêne fonctionnelle tend à l'emporter, grâce à l'accroissement de l'asthénie primitive. C'est alors que les oscillations de la vitalité digestive, augmentent d'amplitude pendant la phase fonctionnelle tout entière ou seulement pendant une partie de cette phase fonctionnelle. C'est le défaut de compensation ; c'est, à proprement parler, la maladie. Pour rendre notre pensée plus saisissante, prenons un exemple concret : les oscillations *physiologiques* se font entre 0° et 5° ; à l'état *pathologique*, elles se feront entre — 15° et + 20°.

Toujours, quelle que soit la complexité du syndrome morbide, nous aurons à évoquer cette loi et à la saisir en quelque sorte comme fil conducteur quand l'obscurité semblera nous envelopper.

Ces oscillations sont d'autant plus marquées, se rapprochent d'autant plus des extrêmes, que la vitalité digestive est plus faible ou que l'obstacle créé par la masse alimentaire est plus grand. En outre, le temps de durée d'une oscillation anormale, au cours d'une phase digestive, grandit avec la gravité et l'ancienneté de la maladie ; en d'autres termes, si, au début de la maladie, l'oscillation ne devient anormale qu'à la fin de la phase digestive, peu à peu elle occupe une partie plus grande de cette phase, qu'elle absorbe même totalement quand la vitalité digestive est devenue assez faible pour ne plus se ressaisir au contact de son excitant par excellence, *l'aliment* (1). Dans ce dernier cas, la phase digestive est tout entière pathologique et d'une durée anormale. Toutefois le temps de maladie se limite strictement à la durée de cette phase et, quand elle est terminée, l'organe se ressaisit. On peut dire qu'il ne faiblit qu'au moment de la fonction ; c'est cet état que désignent les malades, quand ils disent : « Je me porterais bien, si je pouvais vivre sans manger ».

Mais il est un degré plus avancé de faiblesse digestive, qui donne lieu à des phénomènes en quelque sorte inverses des précédents. C'est celui dans lequel la vitalité simple de l'organe, *en dehors de toute fonction*, est bien au-dessous de la normale ; c'est alors que l'aliment, au lieu de provo-

(1) Il est bon de savoir que l'oscillation anormale, qui occupe une partie ou la totalité d'une phase digestive, se décompose elle-même en une série de petites oscillations, d'amplitude successivement croissante et décroissante.

quer des oscillations d'amplitude anormale, relève seulement le niveau du tonus vital, jusqu'à une limite voisine de l'état physiologique et ne provoque que de faibles oscillations comparables comme amplitude à celles du tube digestif normal dans l'intervalle des ingestions alimentaires. Ce relèvement de la vitalité digestive persiste pendant un laps de temps très variable, en général court; puis la fonction s'achève dans une série d'actes obscurs dont l'intensité est inférieure à celle des actes de simple vitalité. Cet état correspond au bien-être que produit l'ingestion alimentaire chez une catégorie de malades avancés; ce sont ceux qui disent : « Je ne suis bien qu'après le dîner, quand j'ai l'estomac garni ».

Disons immédiatement que, si au point de vue évolutif tel est l'ordre chronologique suivant lequel s'enchaînent les phases d'hyposthénie croissante du tube digestif, le pronostic ne doit point se déduire exclusivement de cette notion clinique; d'autres éléments interviennent qui modifient le sens de chacune de ces étapes, et il faut bien savoir que la gravité réelle d'un état digestif est commandée par un *ensemble* de signes que nous apprendrons à connaître chemin faisant.

Si nous avons exposé ces données ici, c'est uniquement dans le but de bien mettre en relief les modifications *objectives* que la fonction pathologique imprime à la *forme* de la cavité alimentaire. En effet, en pénétrant plus avant dans notre analyse, que voyons-nous? Des divers modes d'activité de la paroi digestive, circulation, sécrétion, contraction musculaire, vibrations nerveuses, un seul *s'objective* et par là même nous donne la mesure de tous les autres, c'est le tonus musculaire. Si, à l'état de santé, ce tonus ne fait varier la forme de la cavité digestive que dans des limites étroites, de 0° à 5°, à l'état de maladie ces variations ont leurs limites doublées ou triplées et oscillent de + 20° à — 15°; d'où, cela va de soi, des changements très appréciables dans les dimensions de la cavité en fonction, d'autant plus appréciables que la tonicité musculaire est plus faible et qu'en général l'examen porte sur un moment de la phase digestive plus éloigné de l'ingestion alimentaire.

En outre, nous savons que le rôle de l'estomac est avant tout d'être un réceptacle et que, de ce fait, il est pourvu d'un système musculaire prédominant ; les variations dans la forme de l'estomac acquièrent encore de ce chef un relief plus saisissant et une valeur séméiologique plus précise. Mais n'oublions point qu'elles sont contemporaines des autres processus biologiques et que, de plus, toute cette suractivité fonctionnelle des tissus de l'estomac n'est qu'un point d'un *circulus vital* qui, avec le contact de l'aliment, a envahi et mis en branle l'appareil digestif tout entier, y compris le foie et le pancréas. Et tous les autres segments, pour être moins richement dotés que l'estomac, possèdent néanmoins un système musculaire, et on ne doit pas s'étonner de les voir à leur tour subir des modifications au point de vue de la forme et des dimensions. Ces variations ne sont qu'ébauchées, comparativement à celles du récep- tacle des aliments. Cependant elles sont réelles ; la clinique va nous le démontrer.

Ces oscillations fonctionnelles du tonus vital sont, nous l'avons dit plus haut, d'autant plus accusées que l'obstacle à vaincre est plus grand et, on pourrait ajouter, que l'ob- stacle est là depuis plus longtemps, que la lutte, en un mot, a été plus prolongée. Cependant, en raison de cette aggravation progressive qui se caractérise par une accen- tuation des oscillations vitales, l'organisme fait des efforts d'adaptation ; si l'irritabilité vitale (1) va en s'atténuant, la puissance anatomique matérielle croît d'une façon paral- lèle, et cette sorte de compensation à la *fuite de la vie* n'est

----

(1) La valeur biologique de l'élément anatomique réside dans une double qualité, l'*irritabilité vitale* et la *masse protoplasmique*. Ce sont les variations inverses de ces deux propriétés essentielles qui nous donnent la clef des phénomènes que nous étudions en ce moment.

pas sans prolonger la lutte parfois fort longtemps ; d'où une double conséquence, l'exagération des réactions musculaires qui se passent dans les segments du tube digestif autres que l'estomac et, à côté des distensions répétées qui se reproduisent d'une façon momentanée à chaque phase digestive, une dilatation permanente constatable en dehors des phases digestives et généralisée à l'appareil tout entier. Nous disons que cette hypermégalie généralisée est surtout objectivée par l'augmentation de calibre du tractus gastro-intestinal ; toutefois, d'autres segments comme le foie, dont le volume total est considérablement accru, sont là pour témoigner encore que l'accroissement de volume et de masse a porté sur la totalité de l'appareil de la digestion. En définitive, dans certains cas de lutte prolongée, nous voyons l'élargissement de la lumière du canal alimentaire ne pas rester limité seulement à la cavité gastrique, mais se généraliser aux deux autres segments et de plus constituer un état permanent sans relation directe avec l'ingestion alimentaire. C'est cette dilatation du tube digestif si banale, si mal étudiée jusqu'ici, qui, au même titre, donne au ventre de l'homme sur le déclin de l'âge sa rondeur « de bon augure » et à celui de l'obèse ses proportions monstrueuses.

Au cours de cette étude analytique, nous avons mis en évidence plusieurs signes objectifs. N'en retenons ici qu'un seul, *saisissable à l'inspection*, le *changement de forme et de volume du ventre*, et voyons le profit que la clinique peut en tirer.

*A l'état de santé*, la forme et le volume du ventre sont invariables. Chacun a gardé le souvenir d'un de ces individus qui s'éteignent à un âge avancé, après avoir vécu dans une santé enviable, sans embonpoint ni maigreur, sans changements dans la physionomie, sans décrépitude, sans vieillesse pour ainsi dire ; les organes digestifs ont fonctionné à l'unisson des autres appareils ; le ventre est resté immuable comme le reste du corps. A propos de la palpation, nous dirons quel signe caractéristique cette vieillesse insensible imprime à l'appareil digestif.

*A l'état de maladie*, nous voyons au contraire le ventre refléter dans ses formes extérieures tous les grands changements qui se passent dans l'économie. Mais cette phénoménologie abdominale revêt une double forme suivant qu'elle a pour substratum un tube digestif faible ou un tube digestif fort. Pour mettre plus de clarté dans notre description nous étudierons successivement les modifications *passagères* survenant au cours d'une phase digestive et disparaissant avec celle-ci, et les modifications *permanentes*, signature de l'état anatomo-physiologique de la paroi digestive, non influençables par l'ingestion alimentaire. Nous aurons, en résumé, des modifications extérieures du ventre *d'ordre dynamique* et *d'ordre statique*.

*B.* Inspection du tube digestif faible

Le tube digestif faible, chez les nourrissons et les enfants, modifie peu l'aspect du ventre, quel que soit l'épisode morbide en évolution ; c'est que le moindre obstacle au libre fonctionnement des voies digestives se traduit par un incident morbide dont le premier symptôme est l'inappétence et le traitement naturel, la diète. La tonicité digestive se ressaisit promptement, jusqu'à ce qu'un nouvel épisode de même bénignité et d'aussi courte durée vienne imposer aux voies digestives le même repos réparateur. De telle sorte que la pathologie de cet enfant, toute épisodique, n'aboutit jamais à des modifications anatomiques de la paroi digestive suffisantes pour altérer la forme extérieure du ventre.

Ce n'est que plus tard, dans la jeunesse ou dans l'âge adulte, alors que l'alimentation est plus complexe, que les écarts de régime se répètent et que des excès de tous genres sont là pour ébranler l'organisme, que l'insuffisance digestive éclate et imprime sa signature sur la forme extérieure de l'abdomen. Toutefois la brusquerie et la courte durée des réactions fonctionnelles laissent prévoir, sans qu'il soit besoin d'insister, le peu d'éclaircissement que l'inspection d'un *ventre faible*, même adulte, est susceptible de nous fournir. Le plus généralement il a conservé sa forme normale. Cependant, quand la maladie évolue depuis plusieurs années, le ventre perd son aspect arrondi, devient franchement plat lorsque le sujet est couché ; dans la station verticale, les régions sus-pubienne et illiaques paraissent bombées, tendues ; on dirait que, du fait de la pression viscérale, la paroi amaigrie s'amincit encore et va laisser voir les entrailles par transparence. C'est dans des cas analogues, où la chronicité est le fait dominant, que le ventre apparaît bosselé de façon irrégulière et que l'on voit des contractions du grêle et de l'estomac se dessiner en relief et en creux alternatifs. Ces derniers ventres gardent une forme généralement arrondie, que le malade soit couché ou debout, qu'ils doivent à un certain degré d'irritabilité avec état congestif. Les premiers, au contraire, varient selon le décubitus ; le tractus gastro intestinal est tout entier de tonus affaibli ; l'irritabilité de ses éléments s'est amoindrie progressivement sans aucune compensation ; la lumière du canal est réduite ; bref, toute la masse gastro intestinale n'arrive plus à remplir sa cavité sous une tension suffisante et flotte au gré de la pesanteur, s'accumulant dans le petit bassin et faisant effort contre la paroi sous-ombilicale dans la station verticale, s'affaissant et s'étalant sur toute l'étendue de la paroi postérieure dans le décubitus horizontal, donnant ainsi, en fin de compte, l'aspect d'une région plate, parfois excavée, limitée par les saillies osseuses du thorax et du bassin, que revêt le ventre de toute une catégorie de chronicitants, depuis le simple dyspeptique aux traits amaigris, au facies décoloré, jusqu'au cachectique par néoplasme ou dégénérescence organique. Telles sont les modifications extérieures *d'ordre statique*, que nous révèle l'inspection du ventre faible à la période ultime de la maladie.

Les modifiations *d'ordre dynamique*, quoique de valeur séméiologique très restreinte, ont une significaton plus précise. C'est le *gonflement épigastrique*, qui souligne un moment de la phase digestive. Disons immédiatement que ce gonflement est plutôt de nature subjective, bien que, cependant, ils ne soient pas rares les malades qui, après le repas, ouvrent leur chemise pour vous montrer la saillie que fait leur épigastre, saillie à laquelle ils rapportent le sentiment de gêne produit par l'ingestion alimentaire. Ce développement brusque de la cavité gastrique excitée par l'aliment est bien le propre du tube digestif faible en état d'hyposthénie passagère. Alors que, dans le tube digestif fort, cette hyposthénie ne se manifeste d'abord que dans la deuxième moitié de la phase digestive, puis se rapproche du moment de l'ingestion alimentaire au fur et à mesure de l'aggravation de la maladie, chez le faible, toute régularité semble disparaître : c'est ainsi que le gonflement immédiat après le repas est un symptôme banal, n'impliquant aucune gravité, pouvant apparaître et disparaître du jour au lendemain, voire même d'un repas à l'autre,

A ce sujet quelques éclaircissements ne seront point superflus et vont nous permettre de faire rentrer dans la règle ce qui semble au premier abord incohérent. On peut dire que la majorité des individus, porteurs d'un *tube digestif faible*, ont une digestion anormale, sans pour cela se croire malades. Instruits par une expérience tout instinctive, ils mangent modérément, régulièrement et s'abstiennent des substances trop excitantes ; telle est la raison pour laquelle ce tube digestif, dont l'irritabilité est constamment en équilibre instable du fait de la maladie (ce terme étant pris dans son sens objectif), reste à la hauteur de sa tâche ou plutôt ne vit que de réactions pathologiques tellement assourdies qu'elles n'éveillent point l'attention du sujet. Seul le médecin, *qui explore l'abdomen*, connaît la source de l'état général précaire et de la fragilité digestive : quel que soit l'âge, quel que soit le moment de la phase digestive, ou encore des vingt-quatre heures, chez de tels individus l'exploration révèle des réactions digestives jamais éteintes, jamais normales. La régularité des oscillations vitales ne doit point être cherchée. La phase digestive est un enchevêtrement de phénomènes alternatifs et irréguliers d'hyposthénie, d'hypersthénie et de vitalité subnormale. En un mot, on ne trouve plus cet éréthisme régulier, avec ses phases de croissance, d'état et de décroissance, qui correspond strictement à la durée de la fonction. Or, que pour un motif quelconque notre tube digestif faible soit excité un peu violemment, que voyons-nous ? Un effort d'adaptation qui avorte en naissant, c'est-à-dire une distension immédiate et démesurée de la cavité gastrique. Les autres segments subissent évidemment le contre-coup de cette suractivité, mais dans une mesure moindre. Parfois, cependant, le gonflement ne se limite pas à l'épigastre et envahit l'abdomen tout entier : c'est le *ballonnement post prandium*, qui reconnaît le même mécanisme pathogénique et comporte la même signification sémiologique. Telle est la façon d'interpréter cliniquement le *gonflement* de l'épigastre, signe banal entre tous, auquel le médecin ne prête qu'une attention distraite, et cependant d'une analyse suggestive et d'une connaissance nécessaire. Il nous a fourni l'occasion de développer quelques notions fondamentales dans lesquelles le clinicien trouvera la clef d'une multitude de modifications légères, fugaces, du *ventre faible* que nous passerons sous silence pour ne point surcharger notre tableau objectif.

En résumé, l'inspection du *ventre faible*, de nulle valeur au début de la maladie, nous révèle chez les malades anciennement atteints un *ventre plat, parfois excavé*, une masse gastro-intestinale qui se mobilise par les changements de position et notamment fait bomber les fosses

iliaques et la région sus-pubienne dans la station verticale ;
comme signe d'ordre dynamique, nous n'avons à signaler
que le *gonflement de l'épigastre, parfois le ballonnement,
immédiatement après l'ingestion alimentaire ; ces deux
phénomènes sont ordinairement de courte durée.*

*C.* Inspection du tube digestif fort : gros ventre de l'enfant<br>et gros ventre de l'adulte

Le ventre, qui correspond au tube digestif fort, est le
*ventre variable par excellence* dans sa forme et ses
dimensions. Cette modalité phénoménale est même un de
ses traits véritablement distinctifs. *L'interrogatoire d'un
malade n'est correct et complet qu'autant que le médecin
n'a point omis de demander avec insistance et d'une
façon précise si le ventre « a varié », « a changé » à un
âge quelconque de la vie.*

En effet, les modifications extérieures du ventre sont de
tous les âges et non pas seulement, comme on le croit trop
généralement, l'apanage exclusif de l'âge mûr.

Quelle différence fondamentale sépare à ce point de vue
le tube digestif fort du tube digestif faible ? Quelle est la
raison dernière qui commande cette évolution inverse de
nos deux tubes digestifs, l'un gardant longtemps, malgré
des troubles avancés, sa forme normale, l'autre subissant
des changements morphologiques parallèles aux étapes de
la maladie ? *L'adaptation fonctionnelle et ses conséquences
immédiates,* tel est l'ordre de faits qui nous donnent la clef
des divers aspects du *ventre fort.* Cette adaptation va dé-
buter à un âge variable suivant le degré d'irritabilité vitale
native des éléments constitutifs du tube digestif. Tout appareil doué d'une faible excitabilité est appelé à déchoir à
brève échéance, et partant à devenir le siège de phénomènes *précoces* d'adaptation, et ceux-ci sont d'autant plus
actifs et apparents que la structure des éléments anato-

miques est elle-même plus massive et plus grossière.
Cette donnée fondamentale, exposée dès le principe, va
nous permettre de comprendre pourquoi, dans un cas,
l'adaptation apparaît avec l'entrée dans la vie, et, dans un
autre cas, ne se dessine qu'avec l'âge adulte ou parfois est
le signal de la vieillesse.

Les phénomènes *d'adaptation* chez le nourrisson et chez
l'enfant sont d'un intérêt particulier ; la morphologie abdominale varie aisément à cet âge et la valeur sémiologique
de l'*inspection* acquiert une importance exceptionnelle à
cette phase de la vie où les anamnestiques sont absents ou
obscurs et l'examen direct des viscères entouré des plus
grandes difficultés.

C'est dans la classes des *tubes digestifs forts* qu'il faut
ranger le *gros ventre des nourrissons* (1), ainsi désigné
par les classiques.

Au point de vue symptomatique, c'est un ventre dont
tous les diamètres sont régulièrement accrus ; la base du
thorax est notablement élargie : c'est le *petit tonneau*. Cette
forme régulière ne persiste point ; la région épigastrique,
avec le temps, s'aplatit plus ou moins au profit de la région
sous-ombilicale qui bombe démesurément quand l'enfant
est debout ; dans la position horizontale, c'est le ventre de
batracien aux flancs étalés et arrondis, de masse comparativement réduite.

Ces deux formes, *ventre qui se tient et ventre qui
tombe*, ne doivent point être confondues ; elles marquent
deux phases distinctes d'un même processus ; elles peuvent se succéder à de courts intervalles et dérivent toujours l'une de l'autre. Rien n'est curieux comme de voir

---

(1) Notre expérience à ce sujet est encore restreinte. Toutefois les nourrissons, que nous avons eus sous les yeux, ont été, de notre part, l'objet
d'une observation particulièrement attentive, et les données, que nous
avions acquises au cours de nos études sur le ventre de l'adulte, ont aplani
bien des difficultés et expliqué bien des faits au-dessus des ressources de
la seule pédiâtrie.

un nourrisson joufflu, au teint coloré, aux membres volumineux, au ventre arrondi, proéminent et d'une fermeté
en apparence ultra-suffisante, devenir du jour au lendemain,
sous l'influence d'une cause insignifiante (refroidissement,
diarrhée), un être tout différent, à face pâle, bouffie,
d'aspect cireux, avec flaccidité des chairs et *écroulement
du ventre* tel qu'il ne reste pour ainsi dire plus que l'évasement du thorax comme témoin irrécusable de l'ampleur
abdominale disparue. Nous voyons, en définitive, sous
l'influence d'une alimentation exagérée univoque, le lait
(car il s'en faut que tous les enfants qui ont *gros ventre*
soient des mangeurs de soupe !), le tube digestif se dilater
et, par là, nous donner la mesure de son insuffisance
fonctionnelle.

Cette dilatation est un gros signe, sur lequel le médecin
doit attirer l'attention des mères de famille. Tout ventre
qui grossit est un ventre qui tient en réserve des épisodes
orageux, notamment la diarrhée sous ses formes nombreuses, plus ou moins inflammatoires. Les diarrhées,
graves ou tenaces, qui emportent les enfants ou les mettent
en danger de mort, *sont, dans la grande majorité des cas,
précédés d'une hypermégalie abdominale, qui a passé
inaperçue et dont on ne tient aucun compte dans la thérapeutique.* Pratiquement, il faut bien savoir que le ventre
gros des nourrissons ou des jeunes enfants n'a pas des
dimensions qui « sautent aux yeux », comme chez l'adulte ;
généralement *il demande à être cherché* et exige de l'observateur plus que de l'attention, une éducation spéciale au
même titre que l'auscultation de la poitrine, par exemple.

Cette apparition précoce du *gros ventre* n'est point sans
susciter un enseignement d'ordre général : nous trouvons
là la caractéristique de toute une catégorie d'enfants dont
la destinée va être d'épuiser en partie ou en totalité la provision de résistance vitale que la nature leur a octroyée, et
cela avant que l'organisme ait atteint son plein développement. Toutes les variétés, toutes les singularités de la

pathologie infantile ont pour fond commun cet appareil digestif *à la fois malade et en voie de croissance.* Malgré une pratique limitée, nous avons déjà été témoin de phénomènes bien curieux et d'une variété surprenante. Notre intention n'est point de les énumérer ici ; ce serait une page prématurée. Nous nous contenterons d'esquisser à grands traits l'histoire de *l'enfant grandissant avec un tube digestif malade.*

Deux catégories de sujets se présentent à l'observation : ceux qui *grossissent* lentement, insensiblement, dont l'abdomen *paraît* d'une juste proportion avec le reste du corps ; ceux, d'autre part, qui grossissent rapidement, chez lesquels l'abdomen forme une saillie véritablement exagérée. Les premiers gardent leur ventre jusqu'à la puberté, s'il s'agit d'une fille, jusqu'à la vingtième année, s'il s'agit d'un garçon. A ce moment, le ventre s'écroule; c'est une maladie véritable d'une durée variable, mais dont le sujet se relève *infirme* pour le restant de ses jours ; son tube digestif reste avec une provision de force vitale si minime que tout nouvel effort d'adaptation est désormais condamné à avorter. Les seconds passent par des alternatives plus ou moins nombreuses de défaillance et de relèvement; c'est en outre tout le cortège des maladies infectieuses, du rachitisme, de la chorée, des tics, des états convulsifs, du rhumatisme articulaire aigu, de la fièvre typhoïde, etc. Toutefois, les périodes de maladie étant intermittentes, le développement normal ou subnormal des voies digestives se ressaisit par instants, et il est rare que vers la vingtième ou trentième année ne s'établisse pas une sorte d'équilibre physiologique de toutes les fonctions, y compris la fonction digestive. En général cet équilibre, d'ailleurs incomplet, est de courte durée. Bientôt, d'une façon plus ou moins insidieuse, le ventre se met à grossir de nouveau; c'est l'effort d'adaptation de l'âge adulte, effort ultime après lequel le tube digestif aura dépensé toute sa réserve d'énergie vitale.

Pour nous résumer, nous dirons que le gros ventre chez le nourrisson et chez l'enfant se présente sous deux formes : la *forme permanente*, la plus insidieuse et la plus grave, qui prend fin vers la puberté et laisse le tube digestif dans un état d'infériorité définitive ; la *forme intermittente*, plus grossière, moins grave, qui prépare le terrain sur lequel, à l'âge adulte et après un moment d'état subnormal, va évoluer le *gros ventre* définitif, qu'il nous reste à examiner maintenant.

Mais auparavant il ne sera point superflu de dire un mot sur l'état anatomique fondamental qui a commandé l'une et l'autre de ces évolutions. Dans les deux cas, il s'agit de tubes digestifs à éléments anatomiques grossiers et de faible irritabilité vitale ; mais l'irritabilité était particulièrement obscure chez l'enfant dont le ventre s'est développé lentement et constamment et dont la structure anatomique s'est écroulée quand les forces supplémentaires de la croissance ont fait défaut. Chez l'enfant, au contraire, dont l'hypermégalie abdominale a été plus rapide, mais de courte durée et d'allure intermittente, une irritabilité moins obtuse, une contexture anatomique moins grossière, ont sauvegardé dans une certaine mesure le tonus digestif et ainsi permis à la croissance d'accomplir en partie son œuvre de consolidation.

Le gros ventre de l'adulte doit être examiné à sa phase *d'état* et à sa phase *de déclin*.

A sa phase *d'état*, les modalités objectives sous lesquelles il se présente ne visent que les divers diamètres et partant le degré de proéminence ; nous l'avons appelé le ventre *en tonneau*. La forme du tonneau varie évidemment suivant la morphologie du squelette, mais c'est là un détail négligeable. La phase d'état du gros ventre a sa caractéristique dans l'*invariabilité du volume et de la forme* : que le malade soit debout ou couché, à jeun où en état de digestion, le ventre reste identique à lui-même.

Cette phase d'état avec les caractères précédents est d'une durée très variable ; il est difficile de fixer une règle à ce sujet. On peut dire cependant que la durée en est d'autant plus longue que l'expansion abdominale s'est faite plus lentement, à un âge moins tardif et n'a point dépassé de modestes proportions. Les ventres qui surviennent à un âge un peu avancé, qui atteignent rapidement leur expansion maxima et qui offrent des proportions démesurées ont une phase d'état plus courte, entraînent par conséquent un pronostic plus sévère. *Donc, deux sortes de gros ventres : les gros ventres à développement rapide, exubérant, de durée courte ; les gros ventres à développement lent, modéré, de longue durée.*

La phase de *déclin* répond aux variétés que nous avons distinguées dans la phase d'état : le ventre, qui se développe rapidement, tombe de même ; le ventre, qui a acquis son ampleur lentement, diminue insensiblement. Aux deux extrémités de l'échelle, on trouve des types curieux à noter : d'une part, les sujets qui prennent du ventre en quelques jours et le perdent en aussi peu de temps, ce phénomène se répétant un nombre incalculable de fois durant le cours de leur vie et pour les causes les plus diverses ; d'autre part, ceux qui, vers la trentième année, voient leur abdomen se développer et s'arrondir ; au bout de quelques années (le moment précis est insaisissable) cette rondeur abdominale reste stationnaire et il en est ainsi jusqu'à un âge extrêmement avancé ; la pneumonie sénile emporte ordinairement et le ventre et l'individu. L'évolution du ventre chez ces deux types individuels nous dit assez quel large fossé les sépare au point de vue anatomo-pathologique, bien qu'ils soient englobés dans la même grande classe des tubes digestifs de structure massive et d irritabilité faible : cette double qualité de l'élément anatomique, irritabilité et masse , brille par la disproportion dans le premier cas, et atteint dans le second cas un degré d'équilibre voisin de la perfection.

Quoi qu'il en soit, le *déclin* de l'exubérance abdominale
est facile à reconnaître à la simple inspection : le malade
étant debout, c'est au niveau de la région sous-ombilicale
que la saillie prédomine ; la région épigastrique, autrefois
puissante et arrondie, se rétrécit, s'aplatit et semble attirée en bas par la masse sus-pubienne. En regardant le
malade de profil, il semble que la masse gastro-intestinale se détache du tronc et fait effort sur la partie inférieure de la paroi antéro-latérale de l'abdomen, se creu-
sant là une sorte de réceptacle en besace que le malade
porte devant lui. Ces phénomènes s'accentuent et se précisent à mesure que l insuffisance digestive augmente. Si
le malade se couche, c'est un changement à vue : cette
sorte de besace s'évanouit; le ventre forme une masse
aplatie s'arrondissant sur les flancs, se mobilisant dans
tous les sens au moindre mouvement et laissant voir non
seulement les épines iliaques, tout à l'heure dissimulées
par la masse abdominale tombante, mais encore le relief
du rebord costal qui forme de chaque côté de l'épigastre
une saillie nettement appréciable. A la dernière étape enfin
le ventre n'est plus, pour ainsi dire : dans le décubitus
horizontal, c'est un creux, une cuvette dans laquelle sont
entassés les restes informes de la paroi abdominale ; dans
la station verticale, celle-ci forme une sorte de tablier qui
flotte au-dessous du pubis et supérieurement recouvre une
région d'aspect irrégulier, à la façon d'une serviette jetée
sur une cavité vide.

Cette description vise les ventres de volume considérable. Il va de soi que les ventres moindres auront des allures d'effondrement moins accentuées. C'est une question de
degrés que le clinicien saisira aisément, pourvu qu'il sache
donner à l'*inspection de l'abdomen* le rang qu'elle mérite
parmi nos moyens de diagnostic.

Ce déclin du ventre, surtout chez les femmes, est parfois brutal, se fait en quelques jours ou quelques semaines,
à la suite d'un incident dont l'insignifiance contraste avec

l'intensité des effets produits. En général, cependant, cet affaissement rapide et total de l'abdomen ne survient pas sans phénomènes prémonitoires : depuis quelques mois, parfois depuis quelques années, le sujet a remarqué que son ventre varie de volume d'un jour à l'autre, voire même aux différents moment de la journée ou suivant le degré d'activité musculaire dépensée. Ces variations, qui s'accusent de plus en plus, indiquent le déclin à son début. Cette forme de déclin s'observe chez les malades dont l'adaptation s'est faite péniblement et irrégulièrement, par défaut de résistance matérielle des éléments anatomiques. L'insuffisance de cette adaptation conserve les caractères fondamentaux du *déclin*, se révèle par phases alternatives, sous la forme d'*oscillations morphologiques*, et l'effondrement n'est, en dernière analyse, qu'une de ces oscillations rendue plus profonde par l'adjonction d'une cause pathogène accidentelle.

Cette particularité du *déclin oscillatoire* comporte un enseignement thérapeutique : en effet, il s'agit le plus souvent d'individus relativement jeunes, généralement de femmes, terrassés avant l'épuisement définitif, avant la désorganisation complète, et partant susceptibles de se relever par une hygiène appropriée. Et si, dans ce cas, les oscillations du volume de l'abdomen sont le fait prédominant, il faut bien savoir que, même dans ses formes les plus prolongées et les moins excessives, l'hypermégalie abdominale commence à *osciller*, à *varier*, avant le déclin progressif ; c'est cette phase des oscillations, en quelque sorte imperceptibles, cependant réelles et non contestables, qui mérite surtout d'attirer l'attention et d'exciter la sagacité du médecin appelé à diriger la santé du malade à ventre proéminent : *les petites oscillations font pressentir les grandes et sont le signe précurseur de la déchéance abdominale.* C'est le moment d'intervenir par des conseils d'hygiène prophylactique afin d'arrêter cet organisme aux bords de l'abîme.

C'est aussi la *période critique* au point de vue de l'intervention médicale. Si un médecin habile et prudent est capable de rendre à son malade un service décisif, en revanche toute intervention énergique et à rebours est un arrêt de mort pour le patient. Que de diabétiques, notamment, arrivés au déclin de leur hypersthénie abdominale, sont plongés dans le marasme digestif par la rigueur et l'uniformité d'un régime trop excitant pour un appareil digestif désorganisé ! Que d'obèses cherchent, au prix de leur vie, à alléger le poids de leur abdomen et à diminuer les contours de leur taille par une intervention faite à un moment voisin de la phase de déclin ! Arrivé à un certain âge, il est sage de *savoir garder son ventre*. Telle est une des conclusions les plus hautement pratiques qui se dégagent de cette étude.

### *D.* Role de la paroi abdominale ; hernies et grossesses.

Nous ne devons pas terminer ce chapitre sur l'inspection du ventre, sans dire quelques mots du rôle dévolu à la paroi abdominale dans les troubles de la statique digestive. La paroi antero-latérale de l'abdomen est une doublure musculo-élastique de la paroi elle-même du tube digestif; il semble que la nature ait prévu que la *surcharge*, absolue ou relative, serait la grande cause pathogène des troubles des voies digestives et ait voulu renforcer leur appareil de soutien et de résistance mécaniques. C'est dire que cette paroi agit toujours dans le même sens que le tube digestif lui-même, subit les mêmes influences pathogènes et présente des réactions généralement parallèles. Un brusque épisode vient-il annihiler soudain les forces digestives : la paroi abdominale est frappée avec la même intensité, au même titre d'ailleurs que l'économie tout entière.

Dire que dans les troubles de la fonction digestive, qui entraînent le relâchement des divers tissus constitutifs de l'appareil, la paroi abdominale joue le rôle *antagoniste* de sangle et prévient de la sorte les conséquences statiques de ce relâchement, c'est, en fin de compte, commettre une erreur grossière de clinique générale. Un fait de pratique courante vient confirmer indirectement notre manière de voir : les appareils digestifs relâchés, forcés, disloqués au maximum, faisant effort contre la paroi abdominale qui semble pour eux un dernier rempart, tant leur tonicité propre est précaire, se trouvent généralement mal de la contention fournie par une ceinture élastique, et cependant cette ceinture exerce une action proprement *antagoniste*, s'oppose au prolapsus de la masse viscérale, tend à contenir les anses digestives dans les limites de leur expansion physiologique, renforce en un mot une paroi dont la résistance mécanique est manifestement insuffisante. C'est qu'il s'agit d'appareils digestifs dont la vitalité est considérablement diminuée, dont les réactions de toute nature ne sont plus qu'ébauchées ; le ressaisissement est impossible ; la fonction ne peut plus se faire que dans des limites restreintes et définies, matériellement infranchissables. La paroi abdominale se trouve elle-même dans un état analogue, ce qui veut dire que son rôle de doublure musculo-élastique ne *peut* s'exercer utilement que s'il correspond strictement à l'élasticité fonctionnelle restante de l'appareil sous-jacent. Aller au delà, c'est-à-dire relever et immobiliser les entrailles à l'aide d'une sangle, c'est entraver la fonction, c'est remplir une indication qui n'existe pas dans la nature.

Le parallélisme biologique de la paroi abdominale et des viscères qu'elle recouvre se poursuit ainsi jusque dans les phénomènes les plus franchement pathologiques. Les hernies en sont une nouvelle démonstration. En règle générale (et cette loi se vérifie aisément chez les *forts*), c'est à la phase de déclin de la résistance digestive que les hernies apparaissent sans cause violente, sans chute, sans effort, sans traumatisme. C'est que la résistance de la paroi abdominale, l'activité vitale de ses divers éléments ont parcouru les mêmes étapes d'adaptation hypertrophique, puis de déchéance atrophique que les viscères sous-jacents; et c'est l'atonie des plans musculaires et la disjonction des faisceaux fibreux d'insertion qui créent le terrain favorable à l'issue des anses digestives. Une cause adjuvante nécessaire, c'est ensuite le péristaltisme spasmodique de ces anses, qui ne peuvent fonctionner sans exercer une pression excentrique de force exagérée contre une cloison de résistance amoindrie. Ce sont là les *hernies* dites *de faiblesse*. Ce sont de beaucoup les plus fréquentes.

Mais, à côté, nous devons mentionner une catégorie de hernies qui se produisent dans la force de l'âge et sont consécutives à un effort ou à un traumatisme; elles sont appelées les *hernies de force*. On peut dire qu'elles ne sont point d'observation courante. L'apparition en est avant tout commandée par une cause accidentelle et n'a qu'une relation plus ou moins obscure avec l'état anatomo-physiologique des viscères abdominaux; dans ce cas, semble-t-il, la paroi de vitalité normale exerce une action de résistance purement mécanique et se montre à proprement parler l'agent antagoniste du fait pathologique intra-cavitaire.

En définitive, la paroi abdominale est épaisse et vigoureuse chez les individus pourvus d'un tube digestif fort, mince et débile chez les sujets dont le tube digestif est faible. Cette constatation anatomique n'est point sans mettre en contradiction avec eux-mêmes ceux qui font jouer à la paroi un rôle simplement mécanique de soutien pour la masse des entrailles. Ne savons-nous pas en effet que la puissance d'un appareil se développe en raison directe de son activité fonctionnelle? Or quel tube digestif a plus besoin de soutien et met plus souvent à contribution la résistance de la paroi abdominale que celui de l'individu faible? On ne voit point cependant cette musculature abdominale s'hypertrophier à mesure que la résistance digestive faiblit, et à aucun moment de la maladie il n'est possible de discerner le rôle bienfaisant de la paroi. Allons plus loin, et, puisqu'on suppose un heureux antagonisme entre la fonction mécanique de la paroi abdominale et celle du tube digestif, mettons les entrailles d'un faible dans la cavité d'un fort ; que voyons-nous ? Les mouvements brusques d'expansion et de retrait de la paroi digestive, résultant des grandes oscillations du tonus vital propres à cette paroi, sont entravés, neutralisés *même* par l'obstacle que leur crée la sangle sus-jacente, et finalement la fonction digestive ne peut s'exercer dans les conditions fixées par la nature.

La vérité clinique est que la résistance du tube digestif et celle de la paroi abdominale faiblissent toujours parallèlement ; la distension permanente ou passagère du tube digestif, qui résulte de l'affaiblissement de ses tuniques propres, peut s'accomplir librement dans les limites nécessaires à l'intégrité relative de la fonction ; la paroi abdominale subit les mêmes fluctuations vitales, brusques ou lentes, légères ou profondes, parcourt le même cycle évolutif, dans la santé comme dans la maladie, que l'appareil digestif lui-même dont elle n'est qu'*une portion complémentaire.*

La distension de la paroi abdominale par la grossesse vient encore corroborer ce concept fondamental. Il faut distinguer deux cas : dans l'un, la distension est physiologique, strictement parallèle à l'évolution du fœtus et à l'augmentation de volume de l'utérus, toujours modérée et suivie rapidement d'un retrait complet après l'accouchement ; dans l'autre, la distension est véritablement pathologique, se manifeste dès les premiers instants de la grossesse et offre, les derniers mois de la gestation, des dimensions en quelque sorte monstrueuses, en tous cas disproportionnées avec le volume du globe utérin. Dans ce second cas, le début fréquent de l'hypermégalie abdominale, à un moment où le volume de l'utérus est négli-

geable, nous montre clairement que la cause et le point de
départ de cette hypermégalie ne doivent pas être cher-
chés exclusivement dans la distension de la paroi abdominale par l'utérus. En réalité la cause (1) est dans le fait
physiologique de la conception, stimulant insolite de l'organisme ; le point de départ est *simultanément* dans le
tube digestif et dans la paroi abdominale ; dans le tube
digestif, qui cherche à s'adapter aux conditions de fonctionnement créées par les modifications que la conception
a imprimées à l'organisme tout entier ; dans la paroi, qui
obéit plus obscurément, mais non moins réellement à des
influences pathogéniques de même nature.

Ce sont ces malades, au ventre *anormalement* distendu
par la grossesse, que les couches laissent d'une faiblesse
extrême et qui trouvent leur salut dans un repos prolongé
au lit, dans une hygiène alimentaire attentivement réglée
et dans le port d'une ceinture dès qu'elles peuvent se
tenir debout. Ce sont ces accouchées qui non comprises,
mal dirigées, voient leur faiblesse générale et leurs maux
de reins s'éterniser et leur santé générale définitivement
compromise. Que de fois nous l'avons entendu répéter
cette phrase toujours la même : « depuis ma première
couche, je n'ai plus rien valu » ! Telle est en quelques mots
la juste et féconde interprétation d'un fait très commun,
d'une importance capitale, puisque l'orientation définitive
de la santé peut en dépendre, d'un fait enfin totalement
ignoré, *l'hypermégalie abdominale contemporaine de la
grossesse.*

Pour conclure, dans la grossesse normale, la distension
de l'abdomen ne commence que vers le troisième ou le
quatrième mois. Plus précoce, cette distension est anormale et souligne un *état pathologique.*

---

(1) Les relations de la grossesse et des fonctions digestives doivent faire
l'objet d'un chapitre spécial de cet ouvrage : ici nous nous contenterons
d'effleurer la question.

Résumons dans le tableau suivant les données fournies par l'inspection :

INSPECTION

TUBE DIGESTIF FAIBLE :

Etat statique.............. { Rien à la période d'état, ni chez l'enfant ni chez l'adulte.
Ventre affaissé, excavé chez l'adulte à la période ultime.

Etat dynamique............ { Gonflement apparent de l'épigastre, et parfois ballonnement, immédiatement après l'ingestion alimentaire.

TUBE DIGESTIF FORT :

Etat dynamique............ | Rien.

Etat statique.............. {
*Gros ventre du nourrisson et de l'enfant :*
Alternatives d'hypermégalie et d'affaissement du ventre dans l'enfance;
Hypermégalie abdominale constante.
*Gros ventre de l'adulte :*
Ses deux phases d'évolution :
{ Phase d'état.
{ Phase de déclin.
Déclin oscillatoire.

Hernies au déclin du gros ventre.
Hypermégalie abdominale contemporaine de la grossesse.

# CHAPITRE III

## De la palpation de l'abdomen.

---

### I. — Palpation superficielle.

*A.* Tension du segment digestif.
*B.* Tension abdominale.
1° Elasticité et rénitence de l'abdomen. — 2° Tension abdominale chez le
fort. — 3° Tension abdominale chez le faible. — 4° Tension abdominale
dans quelques formes spéciales d'asthénie digestive : a. *épisodes subaigus;* b.) *période terminale de l'asthénie chronique;* c.) *Ballonnement
de l'abdomen.*

### II. — Palpation profonde.

*A.* Palpation de l'estomac.
*B.* Palpation du colon. — Formes cliniques anormales.
*C.* Palpation du foie.
*D.* Mobilité et déplacement des viscères abdominaux.

### III. — Différenciation des types cliniques à la palpation.

*A.* Palpation du tube digestif faible.
*B.* Palpation du tube digestif fort.

### IV. — Quelques commentaires cliniques.

---

### I. — Palpation superficielle.

#### A. Tension du Segment digestif

Quand notre segment digestif, à la suite de la diète,
passe de l'état physiologique à l'état de maladie, à cet instant précis où les réactions vitales se trouvent au-dessous de
la normale, un signe objectif apparaît, c'est la *diminution
de tension* de la paroi du segment, et ce signe objectif,
c'est la palpation qui nous le révèle.

Cette tension de la paroi du segment est l'image raccourcie de la *tension abdominale* que nous offre la clinique digestive, et le palper, qui nous permet de saisir la
première oscillation de la tension pariétale du segment

digestif, devient, *au lit du malade*, une méthode perfectionnée et rigoureuse d'observation, au moyen de laquelle nous allons pouvoir connaître une multitude de faits concernant soit la tension générale de l'abdomen soit l'état physique de chacun des segments qui composent l'appareil digestif de l'homme. De là un double procédé, la *palpation superficielle* et la *palpation profonde*.

Les variations de la tension abdominale constituent, pour le palper, une source d'informations particulièrement féconde. Aussi convient-il que nous insistions sur ce sujet à peu près inconnu des classiques et interprété d'une manière plus ou moins fantaisiste par les rares auteurs qui l'ont abordé.

On peut dire que la tension de la cavité unique, qui forme le segment digestif, est la représentation exacte de la tension du tube digestif tel que nous le présente la nature, avec ses différenciations anatomo-physiologiques variées. Or, à quoi se réduit la tension du segment ? Nous trouvons, d'une part, une cavité dont la paroi comprend des vaisseaux, des glandes, des nerfs et des plans musculo-élastiques, d'autre part, un fluide sous pression, l'air, qui remplit cette cavité. La tension moléculaire du fluide intra-cavitaire est égale à la pression concentrique que la paroi lui fait supporter du fait de sa *tonicité* ou mieux de sa *vitalité*. En un mot, la tension de l'air intérieur se règle sur la vitalité de la paroi, dont elle n'est qu'une manifestation. De telle sorte que la cavité, avec ses parois vivantes, en état de tonicité, et l'air qui la remplit, forment un tout harmonieux, indivisible physiologiquement.

Cette cavité segmentaire est constamment *béante*. Dépressible, elle résiste toutefois dans une certaine mesure aux tentatives de compression, et, dès que celles-ci cessent, elle reprend sa forme primitive. En d'autres termes, à l'état physiologique, cette cavité se présente au toucher avec deux qualités fondamentales : la *rénitence*, qui est mesurée par le degré de résistance opposée aux efforts d'écrasement, et *l'élasticité*, en vertu de laquelle la forme momentanément altérée se ressaisit avec plus ou moins d'instantanéité. L'état de *souplesse* englobe ces deux qualités physiques. Telles sont les composantes de la tension du segment, que le palper est à même d'apprécier et de mesurer (1).

Ces qualités, qui semblent de prime abord des êtres de raison, sont étonnamment dissociées par la maladie. En effet, qu'est-ce en définitive que la diminution de tension cavitaire consécutive à la diète? C'est la diminution d'une seule de ces qualités, la *rénitence :* notre segment reste élastique et souple; il est seulement moins tendu, oppose une plus faible résistance à la main qui cherche à l'écraser. Supposons que notre segment, sous l'influence d'une cause autre que la diète, subisse un affaissement partiel au point d'avoir une lumière réduite de moitié et une paroi flottante limitant une cavité déformée : nous aurons, au palper, absence de la *rénitence* et diminution de *l'élasticité*. Enfin qu'une cause *soudaine* inhibe la vitalité totale de notre segment : la lumière sera effacée, les deux parois accolées, le gaz intérieur de tension nulle et de volume inappréciable; d'où absence de la *rénitence* et de *l'élasticité* et conséquemment disparition de la *souplesse*.

En définitive, qui dit *Tension* du segment dit *vitalité* de ce même segment, puisque celle-ci ne peut varier sans modifier parallèlement celle-là. En outre, nous savons que les variations les plus importantes de la vitalité correspondent à la fonction, qui est la forme paroxystique de cette vitalité. C'est ainsi qu'en dernière analyse les variations de la tension du segment constituent autant de signes objectifs capables de nous renseigner sur les phénomènes de vie et de fonctionnement, qui s'accomplissent dans l'intérieur de notre cavité digestive.

(1) C'est notre collaborateur et ami, le D<sup>r</sup> Léon Vincent, qui le premier a su décomposer la tension abdominale en ses éléments irréductibles, *Elasticité et Rénitence*.

Les diverses modalités objectives de la tension sont perçues avec une netteté variable suivant qu'il s'agit du segment faible ou du segment fort : *l'élasticité* est la qualité dominante du segment faible, la *rénitence* est l'attribut le plus saisissable du segment fort. Cette notion clinique, révélée par le palper, est une confirmation intéressante de notre division des segments digestifs, qui n'est plus seulement un procédé didactique, de relation plus ou moins lointaine avec la réalité, mais bien la copie de la nature prise en quelque sorte sur le fait.

Nous savons que le propre de la maladie est d'abord de diminuer la vitalité de l'organe, puis d'accroître l'amplitude des oscillations de cette vitalité au cours de la fonction. La tension, cela se conçoit, varie parallèlement, et le palper, en enregistrant ces variations, nous indique la mesure des forces digestives disponibles, tant d'ordre dynamique que d'ordre statique. C'est ainsi que la palpation nous donne la confirmation *objective* des faits énoncés plus haut : oscillations vitales brusques, de grande amplitude, de courte durée, dans le segment faible ; au contraire, lentes, de faible amplitude, de longue durée, dans le segment fort.

Enfin, comme la palpation spéciale de l'appareil digestif n'est qu'un cas particulier de la palpation générale des tissus vivants, nous sommes amené naturellement à la conclusion suivante : de même que l'élasticité, dans tout tissu vivant, est la propriété la plus facilement saisissable, tandis que la rénitence, la *densité*, pour employer un terme au sens précis, est d'une appréciation difficile, sauf dans ses variations extrêmes, de même les oscillations vitales du segment fort sont obscures parce qu'elles sont faites de rénitence, tandis que celles du segment faible sont plus aisément perceptibles parce qu'elles ont leur répercussion sur l'élasticité, qualité dominante de ce segment.

Si nous abordons le segment différencié, nous savons que les trois cavités vivent et fonctionnent synergiquement, c'est-à-dire que la tension est partout la même, quelle que soit la portion considérée.

Un fait est à noter, c'est avec la division du segment et la différenciation de ses fonctions l'augmentation d'étendue de sa surface externe et partant une plus grande facilité pour la main d'en saisir les modifications objectives.

En outre, le segment différencié fort, nous l avons dit plus haut, traverse avant de succomber une phase de *dilatation permanente* qui correspond non point à une suractivité vraie, à un accroissement réel des forces physiologiques, ce qui entraînerait une hypertension, mais à des modificat ons anatomiques d'ordre dégénératif avec amoindrisseme t de l'énergie vitale ; d'où, comme corollaire de cette dilatation, une *tension diminuée*, signe objectif de grande valeur, seul capable de nous donner la clef d'un état anatomo-physiologique qui semble, à un examen superficiel, de nature hypersthénique.

En passant, il est bon de souligner ici la vérification par le palper de ce que la logique laissait soupçonner : l'expérience nous enseigne, en effet, que le segment dilaté est d'autant plus proche de sa déchéance, que la fonction en est d'autant plus imparfaite, que la dilatation est plus avancée. S'il s'agissait d'un accroissement réel de la vitalité, nous aurions, au contraire, avec les progrès de la dilatation une énergie fonctionnelle proportionnellement grandissante. Ce sont là d'ailleurs des considérations sur lesquelles nous aurons à revenir à propos du *tube digestif proprement dit*, dont nous devons maintenant entreprendre l'étude, à l'aide du *Procédé de la Palpation*.

### *B.* Tension abdominale.

#### 1° *Elasticité et rénitence de l'abdomen.*

L'abdomen se présente à l'observateur dans des conditions tout à fait favorables à l'exploration manuelle. Le malade étant complètement étendu sur le dos et en état de résolution musculaire absolue, le médecin a devant lui une surface abdominale libre de toute entrave, idéalement propice à l'observation externe sous toutes ses formes. A ce point de vue, la topographie abdominale nous semble bien supérieure à celle de la région la plus couramment explorée, le thorax.

Le tube digestif est recouvert d'une membrane fibro-musculaire, la paroi abdominale, qui le sépare de la main de l'observateur, mais ne constitue point un obstacle à l'exploration. Ils sont exceptionnels les cas où la paroi, soit démesurément épaissie par une infiltration graisseuse exagérée, soit douée d'une sensibilité excessive qui la fait se rétracter au moindre attouchement, est capable de neutraliser les tentatives de palpation. En fait, la paroi abdominale est un obstacle négligeable.

Nous savons d'ailleurs que son rôle physiologique ne contredit point celui de l'appareil digestif; bien plus, dans nombre de cas, le clinicien est à même d'utiliser les caractères physiques de cette paroi (sensibilité anormale, consistance œdémateuse, amincissement extrême, pli cachectique, etc., etc.), ceux-ci indiquant par avance la nature des faits qu'une palpation plus profonde va découvrir et préciser.

La *tension abdominale* (1), dans ses diverses modalités, est le premier fait qui s'offre à l'observation du clinicien, dès qu'il pose les mains sur l'abdomen d'un malade. C'est un fait complexe, d'une analyse délicate, autant que la vitalité du tube digestif que *théoriquement* il objective jusque dans ses moindres variations.

Mais, si nous voulons retirer de cette étude tout le profit possible, efforçons-nous de rester sur le terrain de la clinique, c'est-à-dire de dégager les seules variations de la

---

(1) Pratiquement, il faut bien éviter de confondre, et c'est une confusion presque inévitable chez le débutant, la tension abdominale avec la tension de la paroi abdominale. Nous recommandons au médecin novice, pendant qu'il promène sa main sur la surface abdominale, de faire des anses digestives sous-jacentes l'objet exclusif de sa pensée.

tension abdominale que la main est capable de saisir, en même temps que la signification que chacune d'elles comporte. Quelques exemples vont mettre la question au point.

*a)* Voici un tube digestif resté *normal* de la naissance à la mort. Que nous enseigne l'exploration manuelle, pratiquée aux divers âges, sur l'état de la tension abdominale? Dans l'enfance, prédominance de l'élasticité sur la rénitence; dans l'âge adulte, élasticité et rénitence de valeur égale; dans la vieillesse, phénomènes inverses de ceux constatés dans l'enfance, élasticité diminuée, rénitence conservée. Ces données répondent à ce que nous annoncions plus haut : *l'élasticité est fonction de l'irritabilité vitale, la rénitence traduit l'état anatomique élémentaire.*

*b)* Pour se convaincre de cette sorte d'antagonisme entre l'élasticité et la rénitence, *en tant que signes extérieurs de la tension abdominale,* on peut encore examiner le ventre de deux individus bien portants, de même âge, de même sexe, mais dont l'un présente tous les attributs de la vigueur physique, larges épaules, haute stature, reliefs musculaires accusés, etc., et l'autre ceux de la débilité organique, thorax étroit, membres grêles, taille petite, etc. Chez le premier, la rénitence sera le phénomène objectif frappant au point de masquer en partie l'élasticité; « voilà un ventre rénitent », dirons-nous pour exprimer l'état physiologique. Chez le second, c'est l'élasticité que la main retiendra et notre impression va se traduire de préférence par cette phrase : « voilà un ventre bien élastique. »

Et dans le même ordre d'idées, ne voyons-nous pas, suivant le sexe, prédominer l'une ou l'autre de ces deux modalités objectives, l'élasticité chez la femme, la rénitence chez l'homme ?

Ces notions sont d'ordre exclusivement pratique : c'est, on peut le dire, *la tension abdominale vue avec les mains.*

En résumé, dans un cas donné, c'est l'élasticité qui

s'extériorise le mieux, et que la main perçoit avec le plus de netteté ; dans un autre cas, c'est la rénitence. Tel est l'enseignement de la clinique.

A vrai dire, l'élasticité et la rénitence abdominales sont les deux aspects cliniques d'une même chose, la *vitalité digestive*, dont elles empruntent les caractères fondamentaux à l'état de santé comme à l'état de maladie.

### 2e *Tension abdominale chez le fort.*

Cette dualité de forme symptomatique n'est pas sans éclairer d'une façon remarquable la signification pathologique de la tension abdominale. Tout d'abord, elle nous invite en quelque sorte à nous tenir en garde et nous laisse prévoir que la tension abdominale peut fournir des renseignements très variables suivant des conditions multiples qu'il nous reste à étudier.

Précisons de nouveau notre pensée par des exemples concrets empruntés à la clinique.

Voici un gros ventre au seuil de son déclin. Chercherons-nous, dans ce cas, pour établir un pronostic, à apprécier le degré d'élasticité et de rénitence restantes, à savoir laquelle de ces deux modalités l'emporte sur l'autre ? Non ; cette recherche aurait chance d'aboutir à une notion confuse et doit tout au moins être considérée comme superflue dans la majorité des cas. Un gros ventre traduit le début de son déclin d'une façon cliniquement suffisante par les variations de forme et de volume qu'entraînent les changements d'attitude du sujet ; c'est par conséquent *l'inspection* qui est le procédé de choix dans l'exploration objective. La palpation nous révèle, tout au plus, et dans certains cas seulement, une diminution légère de la rénitence, la masse gastro-intestinale se laissant déprimer par la main avec une facilité anormale. Mais on peut dire que la tension abdominale, à ce moment de la maladie, est encore largement suffisante au double point de vue de l'élasticité et de la rénitence.

Voici, au contraire, un ventre faible, de volume à peu près invariable. Dans la santé comme dans la maladie, ce ventre est d'une *rénitence* sensiblement égale ; la différence, qui sépare l'état normal de l'état morbide, à ce point de vue, quoique réelle théoriquement, n'est qu'une nuance imperceptible à la main du clinicien. Seule *l'élasticité* subit, du fait de la maladie, un changement assez grossier pour être enregistrable à la palpation, c'est-à-dire pour constituer un signe objectif de valeur certaine. Dans ce cas, l'inspection est de nulle portée ; c'est la palpation qui prime les autres modes d'investigation, en nous fournissant, *à l'aide d'une sensation de moindre élasticité abdominale*, la preuve matérielle d'un amoindrissement de la vitalité du tube digestif.

Pourquoi, dans un cas, la tension abdominale est-elle de valeur négligeable et, dans l'autre, donne-t-elle une indication précise ?

En quelques mots, voici la raison dernière de cette constatation clinique. Dans l'instant précis qui précède *l'écroulement* du gros ventre, le tube digestif *se tient* plus par le nombre exagéré et l'hypertrophie de ses éléments anatomiques que par l'énergie vitale animant le protoplasma de chacun d'eux. Cette vitalité est, en effet, déjà réduite à un minimum et on conçoit que la nouvelle déperdition de force, qui marque le déclin, ne peut entraîner qu'une modification imperceptible de l'élasticité abdominale. Quant aux modifications structurales régressives, survenues, par le fait du déclin, dans chacun des éléments anatomiques, elles sont aussi fondamentalement de valeur peu importante, et la rénitence, au même titre que l'élasticité, doit rester sensiblement la même. Mais ces changements dans la contexture matérielle, isolément insignifiants, portent, ne l'oublions point, sur un nombre d'éléments anatomiques si considérable, qu'ils acquièrent *ipso facto* une valeur objective nouvelle et spéciale, et que le ventre, *considéré dans sa totalité*, s'en trouve transformé et dans sa forme et dans son volume ; en un mot, c'est le grand nombre d'éléments frappés qui fait qu'une diminution d'énergie vitale, insignifiante en elle-même, donne naissance à un signe objectif spécial et grossier, *la variabilité statique et dynamique de la forme et du volume de l'abdomen*, phénomène prodromique de l'écroulement du gros ventre (1).

Cette obscurité des sensations tactiles au début du déclin du gros ventre, en même temps du reste qu'à la période d'état, mérite de nous arrêter un instant.

Nous savons que le gros ventre résulte de la multiplication des éléments anatomiques autant que de l'hypertrophie de chaque élément en particulier : les deux facteurs, *nombre et masse*, doivent être pris en égale considération.

Poussons plus loin notre analyse. Si nous considérons un élément isolé, que voyons-nous ? A mesure que le ventre *grossit*, la masse protoplasmique s'accroît proportionnellement à la diminution de l'énergie vitale ; objectivement, c'est la diminution de l'élasticité et l'accroissement de la rénitence, celle-ci compensant celle-là. Si maintenant nous envisageons le ventre dans son ensemble, il nous apparaît d'une *ampleur* exagérée. Or, cette ampleur relève principalement de la multiplication d'éléments anatomiques, d'ailleurs augmentés de volume. En fin de compte, l'irritabilité vitale décroissant, nous assistons à un processus de multiplication et d'hypertrophie des éléments cellulaires et nous nous trouvons en présence d'une masse digestive dont le volume et la densité masquent le défaut de vitalité. *Au point de vue objectif, l'élasticité n'est plus rien, la rénitence est tout* (2). L'observateur, qui s'arrêterait

(1) La lenteur ordinaire du processus de déclin est encore une cause qui vient obscurcir les résultats de la palpation, on le conçoit sans qu'il soit besoin d'insister. Inversement, quand le déclin a une évolution rapide, la diminution de rénitence devient évidente.

(2) Le lecteur a compriis qu'il s'agit d'une *rénitence morbide*, et non de la *rénitence physiologique*, qui est un des attributs de l'énergie vitale.

alors aux enseignements de la palpation, tendrait à conclure à une tension abdominale ultra-suffisante, d'un pronostic très favorable. Mais l'évolution du gros ventre, que nous connaissons, vient démentir ce pronostic et démasquer ces fausses apparences d'exubérance vitale.

L'exploration objective ne peut donc nous éclairer complètement que par le rapprochement des notions fournies à la fois par l'inspection et la palpation. En effet, alors que le sujet ne se croit pas malade, alors que l'organisme tout entier semble respirer la santé et la force, alors que la palpation dénote un appareil digestif ample et rénitent, voici que l'inspection nous montre un abdomen dont le volume est variable et dont la forme est influencée par les changements d'attitude (1).

Cette constatation est à proprement parler la pierre de touche des enseignements révélés par la palpation du gros ventre. Elle nous dévoile le caractère *morbide* de phénomènes qui semblent relever d'une suractivité vraie des viscères abdominaux et qui au fond ne sont que l'expression d'un état pléthorique de nature dégénérative. C'est ainsi qu'à la période d'état, le ventre du Fort qui offre les apparences de l'hypertension, n'est qu'augmenté de *volume* et de *densité*. Au début de la période de déclin, la tension abdominale semble normale ; elle est en réalité nettement diminuée. Au total, les notions dues au palper, à la période d'état et au début du déclin du gros ventre, sont nulles ou insuffisantes, parfois même trompeuses ; seule l'Inspection, corroborée par les anamnestiques et par l'examen des autres appareils de l'organisme, est à

---

(1) La mensuration dénote généralement une augmentation notable du périmètre abdominal (2, 3, 4, jusqu'à 8 centimètres) quand le sujet passe de la position couchée à la station verticale. Parfois on observe le contraire ; c'est qu'alors dans la position debout les muscles abdominaux se contractent énergiquement, formant instinctivement une véritable sangle destinée à retenir une masse viscérale anormalement mobile ; dans le décubitus horizontal, le relâchement des mêmes muscles laisse à cette masse viscérale toute sa liberté, et partant toute son ampleur.

même de faire la lumière et d'inspirer au praticien un juste pronostic et une hygiène appropriée.

Par contre, à la phase de *déclin confirmé*, c'est-à-dire à ce moment de la maladie où le tractus gastro-intestinal a perdu et son ampleur et sa densité de compensation, la palpation superficielle confirme d'une façon positive les données de l'inspection : le ventre, en effet, est d'une *dépressibilité* caractéristique et ne laisse à la main qu'une vague impression d'*élasticité;* c'est à proprement parler un *ventre mou*, autrement dit une masse gastro-intestinale composée d'éléments anatomiques dans chacun desquels l'épuisement de l'irritabilité vitale a cessé d'être masqué par l'hypergenèse protoplasmique. Si à cette *mollesse* du ventre nous ajoutons l'*aspect effondré*, révélé par l'inspection, nous nous trouvons en possession de signes objectifs, précis, irrécusables, qui dénoncent au clinicien l'étape ultime d'une longue série de désordres abdominaux.

Pour résumer les notions pratiques, que nous devons à l'étude de la *Tension abdominale* chez le Fort, nous dirons :

*a)* Pendant la *période d'état* de la maladie, c'est-à-dire pendant le laps de temps qui englobe les phases de développement et de *statu quo* du gros ventre, la palpation superficielle ne nous fournit aucun signe objectif ou plutôt elle nous révèle une pseudo-hypertension résultant d'une rénitence exagérée, compensatrice du défaut de vitalité.

*b)* Au début du *déclin*, les enseignements du palper sont inconstants et de peu de valeur clinique : le ventre est de tension diminuée, mais cette diminution est, dans un très grand nombre de cas, masquée par une rénitence encore notable.

*c)* A la phase de déclin *confirmé*, la palpation révèle un *ventre mou*, c'est-à-dire dépourvu de rénitence et doué d'une faible élasticité. C'est à ce moment que les enseignements de la palpation sont véritablement décisifs, non seulement par eux-mêmes, mais encore et surtout par la comparaison de l'état présent avec l'état antérieur à l'écroulement.

<table>
<tr><td rowspan="6">VENTRE<br>DU<br>FORT</td><td>Période d'état.......</td><td colspan="2">Hypertension apparente.<br>Rénitence exagérée, compensatrice.</td></tr>
<tr><td rowspan="5">Période de déclin.....</td><td>Début.... .....</td><td>diminution de tension apparente, ou masquée par la rénitence.</td></tr>
<tr><td>Déclin confirmé.....</td><td>Tension toujours diminuée : Ventre mou.</td></tr>
</table>

3° Tension abdominale chez le faible.

Dans le tube digestif faible, la qualité physiologique prédominante, pour ainsi dire exclusive, de l'élément anatomique est. nous le répétons, *l'irritabilité vitale.* Elle est, on le conçoit, plus ou moins développée et douée d'aptitudes réactionnelles diverses suivant les individus observés. Le nombre et la variété des types cliniques défient toute classification, tout arrangement didactique. Toutefois un trait commun et fondamental les unit tous : c'est l'extrême facilité avec laquelle l'irritabilité d'un élément anatomique, toujours de fine charpente, est mise en jeu par l'excitation la plus légère. Il semble que la condition essentielle de cette « explosibilité », si l'on peut ainsi parler, réside précisément dans la finesse structurale de l'élément dont les granulations protoplasmiques peuvent se mouvoir avec d'autant plus d'aisance qu'elles sont plus tenues. Quoi qu'il en soit, cette prédominance de *l'irritabilité* sur la *masse* donne au ventre du faible, à l'état de santé, sa caractéristique objective, à savoir, *l'élasticité.*

En un mot, *la rénitence n'est rien, l'élasticité est tout, quand il s'agit d'estimer la tension abominale chez un individu de faible corpulence, d'allures vive, d'embonpoint au-dessous de la moyenne.*

C'est grâce à son excitabilité exquise que le tube digestif

du faible peut *s'adapter* au milieu digestif ambiant, et voici comment : d'une part, une excitation alimentaire légère suffit à entretenir sa tonicité, d'où une tendance instinctive du sujet à éviter la surcharge ; d'autre part, la moindre défaillance de cette tonicité est suivie d'un ressaisissement si prompt que le trouble ne peut s'installer à demeure et passe inaperçu. Telle est, dans les grandes lignes, la nature de la compensation chez le faible.

Il en résulte que l'irritabilité vitale est mise à contribution à chaque instant et, tant qu'elle est suffisante pour neutraliser les influences pathogènes, le sujet est à la période d'état de la maladie. A ce moment, la palpation ne peut nous donner aucune indication digne d'être notée ; l'élasticité abdominale *reste elle-même*, malgré la maladie, pour le sens du toucher tout au moins. Nous savons déjà que l'inspection est tout aussi infructueuse, l'élément anatomique ne manifestant aucune tendance ni à l'hypertrophie ni à l'hyperplasie.

Avec la phase de déclin, nous voyons la diminution de l'élasticité abdominale constituer un signe physique enregistrable à la palpation. Une main exercée perçoit alors une masse gastro-intestinale qui, outre qu'elle se laisse aisément déprimer, est lente à se ressaisir, à reprendre sa forme primitive. On se trouve en présence du *ventre mou* (1) à proprement parler ; et il reste ainsi pendant des périodes de 10, 15, 20 ans, tant que l'irritabilité vitale n'est pas épuisée, tant que l'excitabilité digestive est capable de faire les frais d'une lutte chaque jour plus inégale.

En fait, la vitalité de l'appareil digestif diminue d'une façon constante et progressive ; les manifestations symptomatiques se transforment au point que souvent le même malade, vu à plusieurs années d'intervalle, ne semble plus

---

(1) La sensation de *mollesse* est particulièrement facile à obtenir au niveau des flancs et des régions iliaques. Les muscles droits, par leur épaisseur et leurs contractions de défense, rendent cette recherche plus difficile dans la région moyenne de l'abdomen.

être « atteint de la même maladie », et cependant nous trouvons toujours le même substratum anatomique, le *ventre mou*. Chercherons-nous dans les degrés de la mollesse abdominale les signes de l'affaiblissement digestif dû au temps? Il est certain qu'un clinicien habile est à même de discerner des degrés dans la mollesse du ventre et de trouver dans la palpation superficielle des éléments positifs de diagnostic. Nous croyons cependant que c'est là une estimation au-dessus des ressources de la clinique courante. De même, les multiples épisodes qui se succèdent d'un jour à l'autre et modifient incessamment la forme de la maladie, ne sauraient, à notre avis, trouver leurs *équivalents objectifs* dans les variations de l'élasticité abdominale.

C'est à la *palpation profonde*, combinée avec la *percussion*, que le clinicien devra demander le complément des notions d'ordre général révélées par la palpation superficielle.

Sur ce fond commun, le *ventre mou*, il se trouvera en mesure de grouper tout un ensemble de manifestations physiques, traduisant les phases de la maladie aussi bien dans leurs nuances symptomatiques que dans leur succession chronologique.

Ainsi, le médecin peut assister à la déchéance progressive, par appauvrissement de l'excitabilité digestive, du malade faible, *nerveux*, aujourd'hui terrassé, mourant, demain debout et plein d'entrain, qui inspire et défie alternativement les pronostics les plus sombres et finalement ne succombe d'ordinaire qu'à un âge fort avancé. Au cours de cette longue vie morbide, l'irritabilité vitale seule a tenu tête à tous les orages et fait les frais de la lutte sous ses formes innombrables. Longtemps le volume et la forme du ventre sont restés à peu près invariables ; ce n'est qu'à la période terminale (parfois fort longue, d'ailleurs) que la masse gastro-intestinale a diminué de volume et que, véritablement flottante dans une cavité trop grande, elle est devenue mobilisable par les changements d'attitude.

Tels sont les grands traits de l'évolution de la tension abdominale chez le faible. Toutes ces notions peuvent se condenser dans les propositions et le tableau suivants :

*a)* Pendant la période d état de la maladie, chez le faible, la palpation superficielle ne nous donne aucun renseignement; la compensation se fait, grâce à une force en quelque sorte immatérielle, *l'irritabilité vitale*. L'élément anatomique n'a aucune tendance ni à l'hypertrophie ni à l'hyperplasie : le ventre reste immuable dans sa forme dans son volume et dans sa consistance.

*a)* A la période de déclin correspond une diminution de l'élasticité abdominale, qui crée un état objectif enregistrable à la palpation superficielle et classé sous la dénomination de *ventre mou*. La mollesse abdominale a des degrés qu'une main très habile seule est capable de discerner. Avec le déclin apparaît un processus très obscur et très lent de dégénérescence régressive de l'élément anatomique, qui entraîne à la longue une réduction de la masse gastrointestinale.

|  |  |  |
|---|---|---|
| VENTRE DU FAIBLE (1) | Période d'état……. | Pas de modification objective de la tension abdominale. Compensation par exagération de l'irritabilité vitale. |
|  | Période de déclin…. | Tension diminuée, *Ventre mou.* |

(1) Il est une catégorie de malades, que nous devons signaler à l'attention du clinicien, sorte de trait d'union entre les faibles et les forts, jouissant des prérogatives des uns et des autres. Ce sont ceux qui « engraissent et grossissent sur le tard », qui, vers 60 ou 70 ans, se mettent à prendre du ventre et de l'embonpoint général. Phénomène curieux, l'irritabilité s'étant épuisée dans une longue compensation à la façon du faible, l'élément anatomique se montre capable, avant de succomber, de réagir dans le sens de l'hypertrophie et de l'hyperplasie, d'entrer dans une phase biologique nouvelle qui change l'orientation du tube digestif et de l'économie tout entière. Tant il est vrai que la nature se joue de nos procédés intellectuels et que notre division des malades en forts et en faibles, quelque vraie qu'elle soit, reste artificielle dans une mesure qui ne nous a point échappé et qu'il est utile de signaler.

4º *Tension abdominale dans quelques formes spéciales d'asthénie digestive.*

Pour terminer ce qui a trait aux enseignements que la palpation superficielle est à même de fournir au clinicien, il nous reste à envisager la *tension abdominale :*

*a)* Dans les épisodes subaigus ;

*b)* Dans la période terminale de l'asthénie digestive chronique ;

*c)* Dans le ballonnement.

*a) Episodes subaigus.* — Au cours de la maladie, soit à la période d'état, soit à la période de déclin, chez le fort et chez le faible, plus fréquemment chez ce dernier, il est de règle que des épisodes subaigus, plus ou moins nombreux et d'une durée variable, viennent interrompre le processus chronique et en altérer les allures symptomatiques. Le ventre se modifie alors instantanément dans sa tension : il devient d'une consistance *pâteuse ;* la main perçoit comme une masse d'anses digestives dont les parois plus ou moins turgescentes seraient accolées et transformeraient l'abdomen en une cavité remplie de *chiffons mouillés ;* la béance du canal alimentaire a disparu et l'air intérieur est raréfié au point que sa présence est objectivement négligeable ; il ne reste plus que des tissus solides dont la consistance elle-même s'est amollie sous l'influence du processus d'inhibition vitale, engendré par la nouvelle cause pathogène.

Nous avons ainsi une forme nouvelle de ventre, le *ventre pâteux,* caractéristique des états subaigus et indicateur d'une inhibition *momentanée* de l'irritabilité vitale des éléments anatomiques.

Ces états subaigus, s'ils ont une origine univoque, à savoir une étiologie tout *accidentelle,* sont loin de constituer un syndrôme toujours identique à lui-même : on conçoit que la nature de la cause pathogène, la phase morbide pendant laquelle l'organisme a été surpris, et toute la série des réactions individuelles, soient autant de conditions qui influent sur les allures de ces épisodes subaigus. De même, à l'exploration objective, nous aurons des formes multiples de *ventre pâteux*, depuis l'effondrement complet ou *ventre vide* qui est surtout le propre du faible au cours de la période terminale, jusqu'au ventre du fort, à la période d'état, à peine modifié dans sa consistance en raison d'une densité, d'une rénitence presque suffisantes pour neutraliser la perte soudaine d'énergie vitale.

*b) Période terminale de l'asthénie chronique.* — Au terme de l'état chronique, qu'il s'agisse du fort ou du faible. il arrive un moment (et c'est la phase proprement terminale) où l'*irritabilité des éléments anatomiques n'est que juste capable de maintenir la béance du canal alimentaire.* L'élasticité abdominale est alors rudimentaire et la main de l'observateur n'en garde qu'une très vague impression ; les anses digestives déprimées restent un instant aplaties ; la trace de la main persiste en creux ; c'est le *godet* de l'œdème. Nous sommes en présence d'un nouvel état objectif, le *ventre œdémateux*, signature de la cachexie générale et en particulier de l'épuisement de toute énergie vitale dans la sphère digestive.

Le signe objectif, qu'est le *ventre œdémateux*, comporte un enseignement que nous pouvons signaler dès à présent, nous réservant d'y revenir en étudiant la Percussion, c'est-à-dire le procédé clinique qui nous dévoile excellemment la nature intime des phénomènes biologiques.

Au fur et à mesure que l'asthénie digestive évolue, théoriquement nous allons à l'*inertie*, c'est-à-dire à la *passivité* de l'appareil, par une double voie, la déperdition d'irritabilité vitale et la régression trophique des éléments anatomiques. De telle sorte que la période terminale de la maladie devrait se caractériser *sensiblement* par l'effacement de la tension abdominale, aussi bien de la rénitence que de l'élasticité. Mais c'est là une notion simplement théorique. Les faits cliniques la contredisent ou plutôt la commentent.

L'appareil digestif, comme l'organisme dont il fait partie, ne succombe pas sans *lutte* et cette lutte se traduit par des phénomènes réactionnels très-divers, qui masquent l'inertie fondamentale *jusqu'au dernier moment;* ce sont ces phénomènes réactionnels du *dernier moment* qui donnent au tube digestif cette consistance œdémateuse spéciale, indice d'une lutte qui touche à sa fin. En un mot, *le ventre œdémateux désigne à proprement parler l'état réactionnel* (1) *agonique de la paroi digestive.*

Quant à l'*inertie* du tube digestif, qui se montre chez certains individus non point comme le signal de la fin, mais à un moment quelconque de l'évolution morbide, elle n'imprime aucune modification *saisissable, spécifique,* à la *tension abdominale* et par conséquent ne saurait relever de la palpation superficielle. La palpation profonde va d'ailleurs nous en révéler les signes objectifs.

*c) Ballonnement de l'abdomen.* — Il nous reste enfin à dire un mot de la tension abdominale dans le *ballonnement.*

Au point de vue objectif, le ballonnement est une distension anormale et passagère de la cavité digestive. Il est *excessif* ou *modéré.*

Le ballonnement *excessif* se traduit par une augmentation considérable, partant très apparente, du volume de l'abdomen. L'inspection, aidée des anamnestiques qui précisent les causes et les conditions de cette distension cavitaire, suffit généralement à éclairer le clinicien. La palpation est de nulle valeur : en effet, la distension exagérée de la paroi abdominale, surprise en quelque sorte par un incident auquel elle n'a pas eu le temps de s'adapter, masque l'état réel de la tension abdominale et dénature les résultats fournis par l'exploration manuelle.

Le ballonnement *modéré* est le ballonnement *fonctionnel*

---

(1) Il semble que, dans nombre de cas, cet état réactionnel soit l'expression d'un épisode subaigu, qui a frappé une paroi digestive au terme de sa résistance.

proprement dit. C'est un phénomène d'ordre surtout subjectif ; le volume de l'abdomen n'est généralement pas modifié. Dans certains cas, cependant, la région sous-ombilicale devient saillante, arrondie, anormalement tendue ; alors le repos au lit suffit à faire rentrer le ventre dans ses limites ordinaires.

En général le ballonnement fonctionnel ne se traduit que par des signes de sonorité, que nous apprendrons à connaître en traitant de la *Percussion*.

Il arrive cependant que parfois l'observateur est frappé par une sorte de constraste entre l'élasticité encore suffisante et la rénitence d'une faiblesse extrême. Nous avons la coutume de caractériser par l'expression de *ventre de baudruche* cet abdomen qui, au cours d'une phase digestive, devient ainsi le siège d'une distension paralytique.

Le ballonnement, qu'il soit de cause extrinsèque ou de nature fonctionnelle, suppose comme condition pathogénique essentielle une sensibilité morbide de la paroi digestive telle que toute excitation entraîne une sorte d'*épuisement paralytique d'emblée généralisé*, d'où la distension du canal alimentaire tout entier. Dans le ballonnement fonctionnel, cette distension est toujours modérée en raison de la cause qui est de nature faiblement irritante et du terrain ordinairement impropre aux réactions violentes.

En récapitulant les données précédentes, nous pouvons énumérer quelques nouveaux types cliniques, révélés par la palpation superficielle et dépendant des changements que la tension abdominale subit au cours de la maladie :

| | |
|---|---|
| 1º **Ventre pâteux. — Variété :** ventre vide.......... | Etats subaigus, épisodes au cours de l'évolution chronique. |
| 2º **Ventre œdémateux.......** | Période terminale de l'asthénie digestive chronique. |
| 3º **Ventre de baudruche......** (signe inconstant) | Ballonnement fonctionnel. |

## II. — Palpation profonde.

La palpation superficielle nous a donné l'état de la *Tension abdominale*, autrement dit une idée générale de l'énergie vitale du tube digestif considéré dans son ensemble. La *palpation profonde* va nous renseigner sur l'état particulier de chacun des segments qui composent cet appareil, et par conséquent compléter et préciser ces premières notions acquises.

L'estomac, le colon et le foie sont les trois segments les plus accessibles à la palpation et sur lesquels toute notre attention doit se concentrer.

### A. Palpation de l'estomac

Les limites de la cavité gastrique ne peuvent être saisies par le palper direct; c'est la présence des liquides, qu'elle recèle à l'état pathologique et que nous mobilisons avec plus ou moins de facilité, qui nous permet de reconnaître les contours du ventricule gastrique. La Percussion, que nous étudierons bientôt, vient de son côté corroborer les données de la palpation.

Le colon pathologique, au contraire, est directement saisissable au toucher dans sa forme et dans sa consistance, dans la généralité des cas tout au moins.

Si les signes objectifs que présentent ces deux cavités sont différents, les réactions fonctionnelles, en apparence du moins, ne paraissent avoir également que bien peu de similitude, de rares points de contact. C'est là sans doute la cause de cette dichotomie de la pathologie digestive classique, qui sépare complètement l'étude de l'estomac de celle de l'intestin. L'estomac accapare d'ailleurs d'une façon démesurée l'attention des pathologistes, tandis que le colon est laissé dans un état d'abandon à peu près complet.

Ces deux cavités ont cependant des propriétés générales identiques, indiquant une commune origine anatomique et une même destination physiologique essentielle, l'*acte digestif*.

Une étude comparative rapide de l'estomac et du colon va nous donner la clef des dissemblances symptomatiques signalées plus haut, et nous montrer que la nature fondamentale des phénomènes est la même de part et d'autre, en dépit des apparences.

La qualité dominante de l'estomac est l'excitabilité exquise de ses éléments en face de l'aiguillon alimentaire; à cette excitabilité vive correspond un processus fonctionnel rapidement mis en jeu et instantanément généralisé. Cette tendance réactionnelle s'affine et s'aiguise à mesure que la maladie « anémie », affaiblit l'élément anatomique, en diminue la puissance matérielle, la masse structurale; au contraire, elle s'émousse, *s'empâte* en quelque sorte, quand les éléments cellulaires deviennent plus épais, d'aspect plus massif. La fonction gastrique, considérée sous tous ses aspects, met bien en évidence cette grande loi de physiologie générale, sur laquelle nous avons déjà tant insisté.

Par contre, le colon est nativement d'une *excitabilité obtuse*. Les réactions s'y accomplissent avec une lenteur plus grande: circulation plus torpide, sécrétions plus rares, tuniques musculaires moins promptes à la contraction. Et cette torpidité du colon ne devient-elle pas sa sauvegarde, si l'on envisage le rôle qui l'attend dans la succession des phénomènes digestifs? C'est une sorte d'égoût collecteur où s'accumulent des substances, gaz, liquides ou solides, douées de propriétés très irritantes.

Cette opposition entre le colon et l'estomac ne s'arrête point là.

En vertu même de son excitabilité exquise de *sentinelle avancée*, l'estomac vibre jusqu'à l'épuisement soit pour faire progresser son contenu dans le sens physiologique et le déverser dans l'intestin, soit pour le restituer au milieu extérieur quand les voies naturelles sont obstruées.

Cette lutte constitue la phase digestive stomacale, pendant laquelle, à l'état de maladie, apparaissent les signes objectifs. L'excitabilité obscure du colon en fait au contraire un organe impropre à la lutte ; c'est bien vite l'affaissement, le tarissement des sécrétions, l'atonie musculaire, et, comme conséquence, l'encombrement qui croît à chaque phase digestive dans des proportions d'autant plus grandes que l'excitabilité générale du tube digestif est moindre.

Appliquons à un cas particulier les données générales qui précèdent :

*A l'état normal*, l'aliment arrive dans la cavité gastrique ; l'excitation spéciale, qui résulte de son contact avec la paroi digestive, se répercute sur l'appareil tout entier. C'est la fonction qui commence, c'est un paroxysme vital avec ses phénomènes de suractivité circulatoire, musculaire, sécrétoire. La pression de l'air intérieur augmente parallèlement ; la tension abdominale est à son maximum. Chaque segment de l'appareil digestif accomplit alors le travail qui est dans sa destination physiologique : l'estomac imprègne de ses sucs le bol alimentaire, pour le ramollir et le rendre plus homogène, puis se contracte et à chaque contraction en déverse une portion dans la cavité du grêle ; celui-ci, pendant le travail de l'estomac, est devenu le siège d'une circulation plus active, a reçu déjà les produits de sécrétion du foie, du pancréas, de ses glandes propres, de telle sorte que les parcelles de chyme, déversées par l'estomac, arrivent dans un milieu prêt à les recevoir, à les transformer et à les absorber en partie ; parallèlement enfin aux phénomènes précédents, le colon, *chargé des résidus du repas précédent*, les a lubréfiés et fait progresser jusqu'au rectum. Tels sont les gros faits cliniques de la digestion normale.

A aucun moment de cette phase digestive, la main ne peut percevoir le moindre signe objectif, ni du côté de l'estomac, ni du côté du colon : c'est partout une sensation uniforme de rénitence et d'élasticité que donne une cavité aux parois vivantes, remplie d'un gaz sous tension qui sert de support à ces parois; le bol alimentaire ou excrémentitiel circule, porté en quelque sorte par l'élément gazeux sur lequel s'exercent directement les contractions péristaltiques.

*A l'état pathologique*, le tableau se modifie de la façon suivante : du fait de l'abondance exagérée ou des qualités nocives de l'aliment, le tube digestif est excité dans une mesure anormale. Un moment surpris, il cède, puis se ressaisit vite, rassemble toute son énergie, lutte avec avantage pendant un laps de temps dont la durée varie avec la nature de l'obstacle et les ressources naturelles de l'appareil ; c'est un moment d'*adaptation*, de véritable compensation. Enfin, épuisé par un travail anormal, il faiblit de nouveau et achève sa tâche dans l'irrégularité et le désordre.

Nous avons ainsi un double processus : processus d'*adaptation*, pendant lequel la fonction s'accomplit d'une façon intégrale ; processus d'*insuffisance fonctionnelle*, entraînant un travail digestif imparfait, d'évolution irrégulière et de terminaison retardée.

Durant le processus d'adaptation, pas de signes objectifs à la portée du clinicien ; avec le processus d'insuffisance, ceux-ci apparaissent *parallèlement* du côté de l'estomac et du côté du colon. On voit ainsi que les signes objectifs, qui trahissent le fonctionnement pathologique du tube digestif, considérés à leur origine, sont d'apparition contemporaine et comportent la même signification nosologique, quel que soit le *siège* de leur manifestation, estomac ou colon.

Cette notion capitale au point de vue de la physiologie générale ne l'est pas moins au point de vue de la pratique. Ainsi, il arrive que le clinicien ne peut, pour une raison quelconque, passer en revue tous les segments de l'appareil digestif ; alors la connaissance exacte de l'état objectif d'un seul segment permet de conclure cliniquement à l'état fonctionnel de l'appareil tout entier. De même, si l'état d'un segment est obscurément perçu et laisse l'esprit hésitant, l'examen décisif d'un autre segment suffit à lever le doute sur la nature de l'ensemble morbide. Tel est un des enseignements féconds que nous devons à ce rapide coup d'œil jeté sur l'estomac et le colon envisagés conjointement.

Il nous reste maintenant à aborder l'étude objective détaillée de l'estomac considéré isolément.

C'est, avons-nous dit, au moment où l'adaptation cesse, où l'insuffisance fonctionnelle éclate, que le clinicien peut noter des signes objectifs au niveau de la cavité digestive et partant de l'estomac.

Comme nous le savons, l'insuffisance fonctionnelle de l'estomac englobe tous les éléments qui entrent dans la composition de sa paroi. Mais nous devons nous occuper ici exclusivement de ceux qui prennent une part dans la genèse des signes objectifs; ils nous donnent d'ailleurs la mesure exacte de l'état physiologique des éléments qui échappent à l'appréciation de nos sens.

La cavité gastrique, jusqu'à présent en voie de resserrement progressif au fur et à mesure qu'elle se débarrasse d'un contenu normalement élaboré, se laisse, l'effort de resserrement ayant avorté, *distendre* tout à coup proportionnellement à l'intensité de cet effort. Il en résulte une *diminution de tension*, généralisée à l'organe tout entier, parois, gaz intérieur, contenu solide et liquide. Mais cette phénoménologie est transitoire. Elle est la résultante d'un travail qui fléchit, mais qui au bout d'un instant se ressaisit partiellement : alors la tension s'élève et la cavité se resserre, à un degré inférieur toutefois à la normale ; un instant le travail gastrique reprend. Puis de nouveau tous les processus fonctionnels faiblissent, d'où une nouvelle défaillance totale du ventricule, plus accentuée que la première, entraînant les mêmes effets d'incomplète élaboration gastrique. Et c'est ainsi que, par une série d'oscillations vitales, le *second acte* de la digestion stomacale se poursuit jusqu'à l'effacement de tout éréthisme, jusqu'à l'évacuation plus ou moins complète du bol alimentaire.

C'est pendant la durée d'une de ces défaillances fonctionnelles, d'une de ces oscillations de faiblesse, que le clinicien est à même de récolter les signes objectifs propres à l'éclairer sur la nature intime de l'acte physiologique qui évolue. Or, à cet instant précis, que se passe-t-il? L'estomac se trouve amoindri, notamment dans son double rôle d'organe sécréteur et de cavité-réservoir. Comme organe sécréteur, nous le voyons, dans la lutte, faire des efforts qui aboutissent à une surproduction, d'ailleurs très variable, de suc gastrique; comme cavité-réservoir, il retient son contenu d'une façon prolongée. D'où une abondance exagérée de liquide et une rétention du bol alimentaire au delà du temps physiologique. Nous notons en même temps une diminution de tension de l'air intérieur et de la paroi du ventricule et un agrandissement de sa cavité.

Si, à ce moment, l'on imprime des secousses à l'estomac, on obtient un véritable conflit des gaz et des liquides, comme en agitant une bouteille à moitié remplie, conflit d'autant plus accentué que la tension gazeuse est plus faible et que la cavité stomacale est plus distendue. Ce conflit donne lieu à un clapotage, nettement perceptible à l'oreille. Telles sont les raisons pathogéniques essentielles qui commandent l'apparition d'un signe objectif capital, le *bruit de clapotage.*

Ce bruit s'obtient en imprimant des secousses latérales au tronc du malade à l'aide des deux mains enserrant, non pas les flancs, comme on a de la tendance à le faire, mais la base du thorax. Il est d'autant plus facile à produire que le liquide résidual est moins abondant, que la cavité gastrique est plus distendue et partant que le gaz intérieur est sous une plus faible pression.

Ici nous saisissons l'antagonisme qui existe entre la quantité de liquide résidual et le degré de distension de l'estomac : d'une part, l'abondance du liquide suppose une énergie notable dans les efforts d'adaptation ; d'autre part, cette énergie exclue une trop grande insuffisance du myogastre, condition nécessaire de toute distension exagérée.

En résumé, *le bruit de clapotage suppose un premier degré d'asthésie digestive ; c'est un signe de défaillance, mais de défaillance après une lutte réelle, après une dépense notable d'énergie vitale.* De là la grande fréquence, la banalité de ce signe et la signification toute bénigne qu'il comporte au point de vue du pronostic.

Malgré sa grande fréquence, le bruit de clapotage n'est pas dépourvu d'intérêt sémiologique : plus il est facile, franc et de timbre amphorique, plus la distension gastrique est extrême et par conséquent voisine du ressaisissement ; inversement, il devient difficile, faible, de timbre métallique avec la rétraction fonctionnelle de l'estomac.

Si l'observation du malade est prolongée pendant quelques instants, on peut assister à une série de resserrements et de distensions de la cavité gastrique qui entraînent des oscillations parallèles dans l'éclat du bruit de clapotage : très franc avec la distension, il s'obscurcit brusquement avec le ressaisissement gastrique. Parfois, au cours de l'examen, après une éructation gazeuse du malade, l'observateur est tout étonné de ne plus retrouver le bruit de clapotage avec la même facilité ni avec le même timbre.

L'observation clinique nous enseigne, en outre, que la durée du bruit de clapotage est très variable.

Voici un estomac dont l'éréthisme fonctionnel est obscur, lent à s'éveiller comme à s'éteindre : le bruit de clapotage sera presque constant pendant le jour. Seul le repos de la nuit va permettre à l'organe de se ressaisir et de se vider complètement : le bruit de clapotage sera absent le matin, au réveil et à jeun. Il sera en outre absent

pendant un court instant, immédiatement après l'ingestion alimentaire, alors que toute l'énergie gastrique est en
jeu et maintient la fonction à un niveau à peu près normal.

Dans un autre cas, la lenteur du travail digestif est plus
accusée, le temps même de la nuit ne suffit plus pour
amener le repos fonctionnel de l'estomac : à jeun, au
réveil on obtient le bruit de clapotage.

Dans l'un et l'autre cas, c'est un fait à bien retenir,
ce bruit varie d'intensité d'un moment à l'autre, traduisant
ainsi les oscillations du tonus gastrique sous l'influence
de l'aiguillon alimentaire. Il est certain qu'à un moment
donné, loin du repas, alors que, d'une part, le bol alimentaire est très réduit dans sa masse et que, d'autre part, la
paroi digestive se trouve avoir épuisé la plus grande partie
de son excitabilité, il est certain, dis-je, qu'à ce moment
les conditions du bruit de clapotage peuvent difficilement
se réaliser. La paroi stomacale tend à s'affaiser ; le gaz
intérieur se raréfie, les sécrétions se tarissent ; tous les
processus vitaux sont en voie d'extinction. C'est alors qu'au
bruit de clapotage, devenu rudimentaire, s'ajoute un nouveau signe objectif, la *sensation de flot gastrique*, perçue
par la main gauche, que l'observateur tient appliquée sur
la région épigastrique, pendant que de la main droite il
mobilise latéralement le tronc du malade.

Le bruit de clapotage et la sensation de flot coïncident
très fréquemment dans une sorte de balancement, l'un
diminuant quand l'autre augmente, et *vice versa*. Il est aisé
de comprendre que si le travail digestif se poursuit avec des
intermittences de lutte et de défaillance, l'éréthisme fonctionnel, affectant les mêmes allures, entraîne alternativement la prédominance de l'un et de l'autre de ces signes
objectifs. Cette alternance du clapotage et du flot, au cours
d'une même phase digestive, est une démonstration objective intéressante des oscillations vitales produites par l'acte
fonctionnel.

Si maintenant nous envisageons non plus une phase

digestive, mais l'évolution générale de la maladie, nous voyons peu à peu avec le temps le *flot* se substituer au *clapotage*, en tant que signe prédominant tout au moins. Avec la chronicité de l'état morbide, il arrive que l'irritabilité vitale des éléments anatomiques s'émousse au point que l'aliment, antérieurement nocif par sa quantité ou par ses qualités, cesse de l'être et par conséquent de susciter ce *paroxysme pathologique*, qui a été un moment la sauvegarde de la fonction gastrique. C'est alors que la distension ainsi que le bruit de clapotage, son signe révélateur et sa mesure, disparaissent ou ne sont plus qu'ébauchés ; la sensation de flot est le signe presque exclusif de l'insuffisance gastrique pendant toute la durée de la phase fonctionnelle. Au contact de l'aliment l'estomac se rétracte (1) purement et simplement et reste plus ou moins rétracté tant que dure l'excitation alimentaire ; les sécrétions sont amoindries et d'abondance inférieure aux besoins de la digestion ; et quand l'aliment quitte la cavité gastrique, celle-ci reprend une capacité voisine de la normale sans liquide ou presque sans liquide résidual.

Ainsi s'expliquent très simplement l'absence de distension de l'estomac et l'absence ou l'obscurité du bruit de clapotage, remplacé par la sensation de flot, dans des cas où la tonicité digestive est particulièrement précaire et l'état général franchement mauvais. En général, à ce moment de la maladie, l'estomac réclame des « mets relevés ». « Autrefois tel aliment me faisait mal, maintenant je ne mangerais que cela », tel est le langage que tiennent les malades.

Ce ne sont point là des nuances d'une appréciation délicate et d'un intérêt purement spéculatif, mais au contraire de gros faits cliniques qu'il est impossible d'ignorer, si l'on veut diriger avec discernement et succès la diététique d'un malade.

(1) C'est la Percussion qui est le moyen le plus propre à nous révéler cette rétraction de l'estomac.

En résumé, la *sensation de flot*, signe exclusif ou prédominant, suppose un défaut de tension de la paroi gastrique tel que la *forme* du ventricule obéit à des influences
purement mécaniques, chocs imprimés à la paroi épigastrique, mouvements du tronc, changements de décubitus, etc., etc. Le *bruit de clapotage*, au contraire, tant
qu'il existe isolément, indique une cavité gastrique qui
garde, exagérée même, sa forme globuleuse par suractivité fonctionnelle compensatrice. La *coexistence* du clapotage et du flot signifie une ébauche de distension bientôt
remplacée par un affaissement plus ou moins marqué, au
cours d'une phase digestive. Au total, le flot est le signe
de l'affaissement gastrique, c'est-à-dire d'un éréthisme
fonctionnel insuffisant pour amener la cavité stomacale au
degré de tension qui correspond à la forme globuleuse et
au bruit de clapotage. Le flot apparaît lorsque l'estomac
ne se ressaisit plus entre deux ingestions alimentaires et
présente son maximum d'intensité à ce moment de la phase
digestive où l'éréthisme fonctionnel ne se traduit plus que
par de vagues soubresauts.

Ce qui revient à poser une sorte d'antagonisme entre
l'éclat du clapotage et l'intensité du flot : le premier suppose, comme condition favorisante, la distension de la
cavité gastrique, et le second exige au contraire un affaissement notable de cette cavité. Mais tous deux ont une
commune origine, l'insuffisance de l'évacuation de l'estomac qui retient une portion des liquides sécrétés, mêlés
avec une quantité variable de parcelles alimentaires.

Si donc on envisage *dans le temps* ces deux signes objectifs, on peut s'en tenir à cette notion clinique approximative : tant que l'estomac est capable de retrouver un moment
de *tonus normal* entre deux ingestions alimentaires, c'est-
à-dire de secouer la faiblesse qui résulte de l'épuisement
produit par l'effort fonctionnel, le flot est absent, le clapotage existe seul ; quand l'éréthisme, suscité par la fonction, est suivi d'un état d'affaiblissement qui persiste d'un

repas à l'autre, à plus forte raison d'un jour à l'autre, le flot apparaît et il est d'autant plus accusé, d'une part, que le clapotage est moins franc, d'autre part, que l'examen a lieu à un moment plus éloigné de l'ingestion alimentaire.

Enfin, quand le clapotage est absent, que le flot existe seul, il n'est pas rare qu'on obtienne, en frappant la paroi épigastrique du bout des doigts rapprochés, un bruit de *claquement*, qui résulte d'un brusque déplacement de la couche liquide par la mise en contact des deux parois de l'estomac : signe objectif bien caractéristique du défaut de tension de cette cavité.

Il est bon de noter qu'à l'aide de la sensation de flot le médecin peut connaître exactement la limite inférieure de l'estomac.

Elle permet encore de délimiter le champ d'excursion de cet organe pendant les mouvements respiratoires soit normaux, soit forcés. La limite inférieure de l'estomac au *repos respiratoire* exactement déterminée, l'observateur applique sa main gauche, les doigts écartés, immédiatement au-dessous de cette limite, en sorte que le bord cubital de la main se confonde avec cette limite, puis il invite le malade à respirer, et, de la main droite, pratique la succussion du tronc. Pendant cette manœuvre, il sent très distinctement le flot gastrique frapper *successivement* chacun de ses doigts de la main gauche. L'espace compris entre le premier et le dernier doigt frappés, pendant la durée d'une inspiration, mesure assez exactement l'étendue du déplacement respiratoire de la cavité gastrique.

En terminant, nous devons signaler un signe inconstant, mais d'une valeur réelle quand il existe, c'est le *ballottement gastrique*. Il s'obtient par le même procédé que le flot, dont il est une variété ou plutôt une forme plus accentuée. Il répond à une double sensation de l'observateur, sensation produite par le liquide qui frappe la main et sensation résultant des mouvements de la poche stomacale entraînée elle-même par le choc du liquide contre sa paroi. Le ballottement gastrique est un signe d'*inertie digestive*. Quand il est franc, il correspond à une cavité gastrique qui n'est pas seulement momentanément affaissée et atone après épuisement fonctionnel, mais encore qui a passé par toutes les étapes de la résistance compensatrice et dont les parois flottent maintenant comme un voile membraneux d'où la vie s'est retirée.

Le tableau suivant résume toutes les notions précédemment exposées sur les signes gastriques révélés par la Palpation.

| | |
|---|---|
| **1er Degré d'Asthénie gastrique :** La défaillance fonctionnelle n'occupe qu'un moment de la phase digestive. | Bruit de clapotage seul perceptible. |
| **2e Degré d'Asthénie gastrique :** La défaillance fonctionnelle se prolonge d'un repas à l'autre. | Bruit de clapotage et sensation de flot alternativement prédominants. |
| **Déchéance gastrique.** | Sensation de flot seule perceptible. Bruit de claquement. Ballottement gastrique (inconstant). |

### *B.* Palpation du colon

Dans la digestion normale, l'estomac et le colon sont insaisissables à la palpation.

Dans la digestion pathologique, nous venons de voir les signes que nous donne la palpation de la cavité gastrique. Il nous reste à étudier l'aspect objectif du colon, en prenant la phase digestive comme point de départ de notre analyse clinique.

Les deux réservoirs obéissent au même excitant, *l'aliment*, et fonctionnent avec une synergie absolue. Les signes d'activité du colon, pendant le travail de l'estomac, sont d'observation courante : vents, selles, coliques, etc., etc. Une preuve en est encore dans ce fait banal, que le ressai-

sissement brusque de l'estomac, à la suite de l'ingestion
d'un aliment ardemment désiré, par exemple, amène *ipso
facto* le ressaisissement du colon bien avant que celui-ci
ait été touché par le résidu de l'aliment ingéré. En définitive, l'éréthisme de l'estomac ne va pas sans l'éréthisme
du colon. Et, comme du fait de la maladie, l'éréthisme du
colon est insuffisant pour la tâche à accomplir, il se produit, comme dans l'estomac, une lutte, un conflit entre la
puissance du contenant et la résistance du contenu. Mais
ici la lutte est plus obscure, comme la sensibilité colique
qui en est la condition génératrice, et les oscillations de la
vitalité sont moins accusées ou tout au moins donnent lieu
à une notation objective moins tranchée, moins décisive.

Un premier fait nous est révélé à l'exploration du colon,
c'est l'inégalité de forme, de calibre et de consistance des
portions droite et gauche de cet organe, c'est-à-dire du
cœcum et du colon ascendant, d'un côté, et du colon descendant, de l'autre côté. En général, on trouve dans la fosse
iliaque droite une *masse* plus ou moins allongée et volumineuse, dans la fosse iliaque gauche un *cordon* de relief
plus ou moins accusé et d'une résistance et d'un calibre
variables. Ces deux segments du colon reposent sur la
paroi profonde des fosses iliaques et sont par conséquent
facilement accessibles à toute palpation attentive.

Il n'en est pas de même du *transverse* qui flotte en
quelque sorte sans appui immédiat dans la cavité abdominale et se dérobe souvent aux recherches du médecin.
Quoi qu'il en soit, il se présente constamment sous la forme
d'un cordon peu différent de celui formé par le colon
descendant.

Si maintenant nous nous appliquons à saisir les variations
morphologiques du colon au cours d'une phase digestive,
il n'est pas rare de percevoir la cavité cœcale sous la
forme d'une *ampoule* résistante, assez volumineuse pour
remplir le creux de la main; parfois cette ampoule est
moins accusée, elle est de forme plus ou moins allongée,

se laisse écraser, varie de volume et de consistance sous la main et fait entendre des gargouillements : cette *distension du cœcum* est le pendant de la distension gastrique et les *gargouillements cœcaux* rappellent le bruit de clapotage gastrique.

Mais il est un signe sur lequel nous devons insister, c'est la *sténose spasmodique* du colon transverse et du colon descendant. Ce signe objectif est surtout facile à percevoir au niveau du colon descendant, que la main isole aisément sur le plan résistant de la fosse iliaque et qui se présente sous la forme d'un cordon plus ou moins étroit, régulièrement *arrondi* et *dur*, roulant sous la main dans le sens transversal. C'est là le premier exemple d'un *état spasmodique* révélé directement par l'exploration manuelle.

Il prête à quelques commentaires intéressants.

Au point de vue anatomique, le cœcum et le colon ascendant constituent le réceptacle des matières excrémentielles, comme l'estomac est le réceptacle des aliments non élaborés ; l'observation clinique la plus grossière ne laisse pas à ce sujet le moindre doute. Mais voici qu'une observation plus attentive nous révèle, coïncidant avec la distension de la cavité-réceptacle des matières fécales, une sténose spasmodique franche du transverse et du descendant. Ce ne sera point une hardiesse de déduction de prétendre que la région pylorique, alors que la cavité gastrique se laisse distendre par insuffisance de tonicité, entre dans un état de sténose spasmodique identique à celui du colon. D'ailleurs, dans certains cas où la paroi abdominale est très émaciée et l'instabilité digestive fonctionnelle très avancée, la main perçoit nettement, à côté d'une cavité gastrique en forme de ballon, un cordon pylorique dont la consistance et le volume rappellent d'une façon frappante l'aspect du colon en état de spasme. C'est ainsi que la clinique nous amène à considérer l'estomac et le pylore comme une grande cavité à col court, le cœcum et le reste du colon comme une petite cavité à long col. La Percussion d'ailleurs achèvera de nous démontrer et la justesse et la fécondité de cette analogie.

L'état spasmodique du colon, qui est le signe objectif le plus caractéristique, après ceux de l'estomac, du moment de la phase digestive que nous étudions, n'est point constant; il revêt les allures de tous les autres phénomènes parallèles, qui se modifient suivant les ressaisissements et les défaillances de la tonicité digestive ; c'est ainsi que de cordon étroit et dur, on le sent devenir mou et d'un relief à peine perceptible, laissant passer quelques bulles gazeuses qui font entendre un râle gargouillant fin ou un bruit de crépitations humides. Inversement, et c'est un phénomène d'observation courante, on perçoit, au début de l'exploration, un colon étroit, mou, dont les parois glissent l'une sur l'autre, et qui tout à coup se transforme sous la main en un cordon dur, d'autant plus dur que la palpation est plus prolongée. Nous saisissons ainsi l'atonie fondamentale, sur laquelle se greffent les différentes formes de la contraction spasmodique.

Mais la maladie progresse, la vitalité digestive va en s'affaiblissant et n'arrive plus à se ressaisir dans le laps de temps qui sépare deux ingestions alimentaires. Les sécrétions de la cavité colique, un moment exagérées, témoins les évacuations plus ou moins pâteuses du début, se tarissent progressivement; la tonicité musculaire, passagèrement accrue, témoin la multiplicité quotidienne des garderobes, est en voie de parésie; tous les actes vitaux, en un mot, après avoir traversé une phase de suractivité, entrent dans une période de torpidité croissante ; les gaz se raréfient à leur tour et la cavité colique devient de plus en plus virtuelle ; le colon tranverse et le descendant restent dans un état de sténose à peu près constante ; la cavité cœcale garde encore un volume prédominant, mais sa capacité est strictement mesurée par le contenu stercoral sur lequel ses parois sont accolées. Objectivement *l'ampoule cœcale* est devenue le *boudin cœcal*, donnant la sensation de *l'empâtement* plus que du gonflement; et la sténose spasmodique du colon s'est accusée au point de former comme un tube de petit calibre, d'une grande dureté : c'est le *colon en tuyau de pipe*. Fonctionnellement, une constipation opiniâtre répond en général à cet état objectif.

En résumé, la sensation de flot gastrique plus accusée que le bruit de clapotage, la distension avec affaissement partiel de la cavité gastrique, d'une part; le boudin cœcal et le colon en tuyau de pipe, d'autre part : tels sont les signes objectifs, constatables chez un très grand nombre de malades dont la vitalité digestive, déjà compromise du fait de l'ancienneté de la maladie ou des traitements intempestifs suivis jusqu'à ce jour, est cependant susceptible de se ressaisir par instants et de suffire encore à une fonction *subnormale* pendant de longues années.

Tout autre est le pronostic commandé par l'aspect physique qu'il nous reste à décrire, *l'uniformité de calibre du colon tout entier, y compris le cœcum.*

Nous savons qu'à un moment donné de son évolution, la maladie se trouve avoir épuisé l'excitabilité digestive au point que le contact de l'aliment n'éveille plus que des réactions rudimentaires : la fonction est amoindrie dans tous ses modes et le bol alimentaire circule d'une extrémité à l'autre du canal digestif presque à la façon d'un corps étranger.

C'est à cet état pathologique que correspond la rétraction fonctionnelle de la cavité gastrique que nous avons étudiée au paragraphe de la palpation de l'estomac.

A l'examen du colon, nous trouvons des phénomènes objectifs de même nature. De prime abord, la fosse iliaque droite paraît vide et l'observateur est surpris de ne point trouver la *masse cœcale* à laquelle sa main est habituée.

En prolongeant ses recherches et en ayant soin, au moyen de l'amplexation (1) du flanc droit, de s'opposer à la fuite du colon ascendant vers la région sous-hépatique, le médecin arrive à percevoir profondément un *cordon* étroit, mou, aux parois amincies, qui « laisse échapper un cri », sorte de râle gargouillant, dès qu'il est saisi, puis instantanément se change en un cordon dur, arrondi, rappelant le tuyau de pipe (2). Si la palpation se prolonge, la dureté se résout bien vite en donnant lieu à de nouvelles crépitations, puis réapparaît avec les mêmes caractères, l'organe obéissant aux excitations du palper par une série de resserrements et de relâchements alternatifs à travers lesquels il garde, comme constante, un volume toujours notablement réduit, un aspect plus ou moins filiforme et un défaut de tension véritablement caractéristique : c'est le *cordon cœcal*, nouvelle forme objective, à laquelle aboutit l'asthénie cœcale après les deux étapes précédemment étudiées, l'*ampoule cœcale* et le *boudin cœcal*.

Quant au reste du colon, il est d'un calibre sensiblement égal à celui du cœcum. La rénitence en est diminuée au point que le transverse est très souvent insaisissable et que le descendant forme un cordon dépourvu de relief, d'aspect affaissé, presque rubané ; parfois ce cordon *se soulève* pour laisser passer quelques fines bulles gazeuses, dont la constatation enlève toute espèce de doute sur la nature de l'organe que l'observateur a sous la main.

Bien longtemps avant d'avoir compris la signification de cet état physique, nous avions été frappé de la gravité qu'implique l'existence du *cordon cœcal* : l'étude des anamnestiques, l'examen des autres viscères, l'épreuve du

(1) Pour bien avoir le relief du cœcum, nous conseillons d'enserrer le flanc droit de la main gauche, le pouce en avant et les doigts en arrière, pendant que la main droite va à la recherche du cœcum. Celui-ci, sans issue du côté de l'hypocondre, se trouve emprisonné dans la fosse iliaque.

(2) Tout en rappelant le *tuyau de pipe* de la sténose colique spasmodique, le *cordon cœcal* est moins grêle, moins dur, d'une consistance en quelque sorte plus fragile.

traitement, tout concourait à faire de ce petit signe la signature d'une des formes de la déchéance digestive. Le jour où nous avons saisi le lien qui unit le cordon cœcal à la rétraction fonctionnelle de l'estomac, nous avons compris qu'il s'agit d'un colon particulièrement *affaibli et atone*, dont l'effort fonctionnel est à peine dessiné. Le canal alimentaire tout entier est dans un état univoque d'asthénie profonde. La fonction n'est plus faite que de soubresauts fugitifs, en séries irrégulières, dans l'intervalle desquels la paroi digestive est à peine saisissable tant elle est amincie et de faible tonicité.

En définitive, l'état objectif du colon que nous venons de décrire se caractérise fondamentalement par *l'absence de distension cœcale et de sténose spasmodique franche pendant la phase fonctionnelle; d'où l'uniformité de calibre du colon sur tout son trajet, quel que soit le moment de l'exploration* (1).

Condensons dans le tableau suivant les grands traits objectifs qui soulignent l'évolution progressive de l'asthénie colique et que le clinicien peut aisément saisir à l'aide de la *Palpation profonde* :

| | |
|---|---|
| 1ᵉʳ Degré d'Asthénie colique : | Ampoule cœcale. / Sténose spasmodique simple du colon. |
| 2ᵉ Degré d'Asthénie colique : | Boudin cœcal. / Colon en tuyau de pipe. |
| Déchéance colique. | Cordon cœcal. / Calibre uniforme de tout le colon, (avec état spasmodique très variable et très mobile). |

(1) Parfois le colon de *calibre uniforme* se révèle d'une irritabilité excessive : la palpation la plus modérée, la plus délicate, suffit à faire naître, avec un léger gonflement de l'organe, un gargouillement dans le cœcum et des crépitations dans le colon descendant. En appréciant la tension générale de l'abdomen, le clinicien ne peut, en outre, se défendre de l'impression que donnerait un ballon de baudruche faiblement gonflé. En un mot, tout le système abdominal paraît dépourvu de résistance, par contre

### FORMES CLINIQUES ANORMALES

Il nous reste maintenant à décrire l'aspect objectif que présente le colon dans quelques états morbides distincts, sans relations nécessaires avec l'asthénie chronique fondamentale.

Ces états morbides sont :

1° L'inertie digestive.

2° Le syndrome dit « colite muco-membraneuse ».

3° Les épisodes subaigus.

#### 1° Inertie colique.

Nous avons vu que la Palpation superficielle ne nous révélait aucun signe propre à l'inertie digestive. Nous montrerons que la Percussion est à ce point de vue tout aussi inféconde. Par contre, la Palpation profonde nous permet de reconnaitre admirablement et jusque dans ses nuances le type objectif abdominal, engendré par l'état plus ou moins accusé d'inertie des voies digestives.

Ici intervient un élément nouveau : *le degré de tension des trois segments du colon.* Tant que le tube digestif réagit en face de l'obstacle, tant qu'il est capable de répondre à l'excitation alimentaire par des efforts de travail effectif, *les segments du colon sont tendus entre leurs points d'insertion et ressautent sous la main qui cherche à les mobiliser dans le sens normal à leur direction physiologique.* Au contraire (et c'est là un bon signe de chronicité), le colon est *flottant* quand la vitalité digestive a épuisé le meilleur de sa réserve de forces dans les nombreux assauts que lui a livrés la maladie : le transverse est

encore doué d'une certaine élasticité qui se réveille à la moindre excitation. Dans ce cas, le médecin doit penser, non plus seulement à une phase de l'évolution naturelle de la maladie, mais encore à un état morbide subaigu dépendant d'une cause irritante surajoutée : le plus souvent il s'agit de malades qui usent et abusent des purgatifs, laxatifs. dépuratifs, etc., toutes substances qui ont une action franchement *altérante* sur les tissus de la paroi digestive.

au-dessous de l'ombilic et forme un arc de cercle à concavité supérieure ; le cœcum et le colon ascendant sont plus ou moins remontés vers le foie et fuient sous la main qui cherche à les saisir ; le colon descendant, qui est en général le segment le moins flottant, se laisse toutefois aisément ramener vers la ligne médiane et mobiliser dans une grande étendue sans produire de ressaut.

En même temps qu'ils deviennent *flottants* (1), les segments du colon perdent leur relief tranchant et leur consistance dure ; le cœcum forme un empâtement diffus et le reste du colon est mou ; le calibre est moyen et sensiblement uniforme sur toute la longueur de l'organe ; les parois glissent l'une sur l'autre et paraissent limiter une lumière de forme aplatie, d'aspect irrégulier ; parfois le colon descendant est encore capable d'entrer momentanément en spasme et forme un gros cordon régulièrement arrondi, modérément dur.

Si nous envisageons les choses d'un point de vue général et quelque peu théorique, *l'inertie digestive*, dans son évolution chronique, est la voie naturelle qui conduit au terme fatal. On peut dire que, sous des formes variant à l'infini, elle représente la maladie fondamentale, qu'essentiellement elle est *toute la maladie*. Quel que soit le type clinique individuel que l'on considère, l'état spasmodique ne fait que masquer l'inertie d'où il dérive ; après une durée plus ou moins longue, il va en décroissant ; l'asthénie fondamentale, c'est-à-dire l'inertie, prend le dessus, s'installe peu à peu à demeure, et le spasme, de plus en plus léger et fugitif, n'est plus qu'un phénomène accidentel, à peu près insaisissable à nos moyens d'investigation ; ce qui revient à dire que l'irritabilité s'est émoussée et que les éléments anatomiques restent à peu près indifférents aux excitations qui en sollicitent l'activité. C'est en fin de compte

---

(1) Le *ballottement gastrique*, étudié plus haut, est l'équivalent du *colon flottant* et constitue également un des signes objectifs de l'inertie digestive.

une sorte d'engourdissement général de l'appareil digestif, qui enlève à la maladie ses allures bruyantes et parfois en impose pour une amélioration ou pour un acheminement vers la guérison. Le spasme ne s'opposant plus à la migration des excreta, on peut voir les selles prendre une apparence de régularité surprenante. Seule l'exploration du colon est à même de nous édifier sur la nature réelle du processus pathologique. On trouve là un exemple, utile à méditer, d'euphorie des mourants, mais d'euphorie à longue échéance.

En réalité, l'inertie digestive ne peut guère se diagnostiquer en dehors des trois cas suivants : dans la convalescence des maladies aiguës graves; sous forme épisodique chez certains malades dont toutes les réactions sont lentes et obscures; enfin, à la période de déclin confirmé, chez quelques forts ayant épuisé toutes les ressources de la compensation.

Lorsque l'inertie digestive est de date peu ancienne, il arrive souvent que le colon, dans ses segments ascendant et descendant, prend la forme d'un petit cordon desséché, rempli de matières également sèches et grenues, ce qui lui donne une consistance nettement *ligneuse*. A notre avis, dans nombre de cas, le *colon ligneux* est un signe décisif d'inertie digestive subaiguë.

### 2° *Colite muco-membraneuse.*

Chez certains malades, presque exclusivement des femmes, le colon se présente sous la forme d'un cordon arrondi, du volume du petit doigt, tendu entre ses insertions, dur sans être tranchant, de calibre sensiblement uniforme sur tout son trajet. Le cœcum se différencie peu du colon. De prime abord cet aspect éveille l'idée du spasme. Cependant, à un examen plus approfondi, ce ne sont pas là les caractères de la sténose spasmodique *fonctionnelle :* le colon que nous venons de décrire est de relief plus flou que le *tuyau de pipe*, par exemple, et n'en présente jamais l'exiguïté ; enfin, il est de forme invariable et n'est le siège ni de gargouillements ni de crépitations.

Au point de vue fonctionnel, c'est la constipation absolue, mais la constipation d'allure constante et de date très ancienne. C'est avec cet aspect physique du colon que coïncident les selles composées de matières membraneuses et sanguinolentes ; c'est, en un mot, le colon du syndrôme classiquement connu sous le nom de *colite muco-membraneuse*.

Il est bon de savoir que l'expulsion de fausses membranes, de glaires sanguinolentes, est généralement le fait d'une excitation artificielle de l'intestin, lavements, purgatifs, dépuratifs. Spontanément le colon ne rejette que des matières sèches, ovillées et rares.

Cet aspect objectif, qui n'est ni l'atonie ni le spasme franc, nous semble répondre à un état de véritable *contracture* d'un colon dont les fonctions s'accomplissent sourdement, sans oscillations vitales appréciables, dont l'activité en un mot se trouve soumise à un déterminisme fort complexe qui échappe à l'analyse du clinicien.

Arrivée à ce degré, la maladie est grave ou tout au moins cède difficilement aux tentatives thérapeutiques ; toute élasticité fonctionnelle semble absente et toute amélioration *objective* ne s'obtient qu'aux dépens des forces digestives du malade : *figé* dans sa forme morbide, l'appareil digestif n'est plus capable de revenir en arrière et reste opiniâtrément dans une sorte d'oisiveté qui est sa sauvegarde, n'ayant d'autre avenir que la résolution musculaire qui sera sa mort.

### 3° *Colon des états subaigus.*

Enfin, il arrive que du jour au lendemain, la vitalité digestive se trouve non pas épuisée, mais proprement *inhibée ;* le tube digestif est frappé d'une sorte de parésie

momentanée dont la marche naturelle tend à une prompte
et complète guérison. Ce sont des épisodes de tous les
jours dans la pratique médicale.

Deux signes objectifs les traduisent clairement : l'un
nous est connu, c'est le *ventre pâteux ;* l'autre n'est que le
diminutif du premier, c'est le *colon pâteux*. Il paraît vide
d'air ; ses parois, comme *empâtées*, semblent accolées l'une
à l'autre et lui donnent l'aspect d'une membrane épaisse,
de forme irrégulière, de consistance molle, dont la main
saisit mal le relief ; les divers segments du colon sont plus
ou moins flottants entre leurs points d'insertion, et le cœcum
forme une sorte de magma mollasse, pâteux, également de
contours indécis et de relief flou. Généralement, on ne
peut saisir nettement que les deux colons ascendant et
descendant ; le transverse est perdu au milieu de la masse
abdominale.

Tout banal qu'il soit, cet état physique mérite d'être bien
connu. Il n'est pas rare d'assister à des tentatives thérapeutiques presque audacieuses, en face de cet état pathologique bénin, insignifiant, qui n'exige que la diète et
l'expectation. C'est que la symptomatologie subjective,
qui trop souvent sert de guide exclusif au médecin, se
présente sous des aspects extrêmement variés, parfois
prend des allures tapageuses. Seule l'exploration abdominale peut éclairer le diagnostic en réduisant les phénomènes subjectifs à leur exacte valeur. Cette question sera
traitée du reste plus amplement dans la deuxième partie de
cet ouvrage.

En résumé, les formes objectives anormales du gros
intestin peuvent se grouper sous les trois chefs suivants :

| | |
|---|---|
| Inertie digestive............ | { Colon flottant et mou.<br>{ Colon ligneux. |
| Colite muco-membraneuse..... | { Colon contracturé. |
| Etats subaigus............. | { Colon pâteux. |

Nous venons d'étudier les segments principaux de l'appareil digestif, ceux du moins qui nous donnent la moisson la plus abondante de signes objectifs. Nous avions préalablement analysé les éléments séméiologiques, que comprend la tension abdominale, et montré l'exacte valeur clinique d'une source d'information totalement ignorée.

Nous devons passer rapidement en revue deux ordres de faits, d'une importance moindre, d'une part ceux qui concernent le Foie en tant que glande annexe de l'appareil digestif, d'autre part ceux qui visent la mobilité et le déplacement des viscères contenus dans la cavité abdominale.

### C. Palpation du foie

Les renseignements, qu'une palpation exercée et attentive de la glande hépatique révèle au clinicien, sont dans la majorité des cas d'une valeur secondaire et simplement confirmatifs de ceux recueillis au niveau de la sphère abdominale proprement dite.

Le Foie est un organe *plein*, dont les variations de volume et de forme ne sont constatables que lorsqu'elles sont grossièrement accusées, et de ce fait ne se révèlent à nos sens que lorsque la maladie est avancée, généralement au-dessus des ressources de l'hygiène. Les troubles de nature purement fonctionnelle, qui caractérisent une phase digestive ou même une série de phases digestives pathologiques, n'ont aucune prise, du moins objectivable, sur la glande hépatique. Or, ce sont ces troubles qui intéressent le médecin au premier chef, parce qu'ils lui montrent la maladie dans sa phase tout à fait initiale, à un moment où il est possible encore d'en comprendre la nature, d'en démêler les causes, et d'en enrayer la marche.

Enfin le foie, recouvert tout entier par la paroi osseuse du thorax, n'est accessible que par sa face inférieure et son bord antérieur, et encore ces régions ne peuvent-elles être abordées que lorsque la masse gastro-intestinale, diminuée de tension grâce à un long processus morbide, ne fournit plus au foie le point d'appui résistant auquel la nature l'a destinée.

Pour tous ces motifs, la Palpation du foie est d'une fécondité médiocre en enseignements cliniques, surtout comparativement à celle du tractus gastro-intestinal.

Toutefois le clinicien ne saurait la négliger, s'il veut avoir une estimation exacte de la valeur d'un tube digestif. Elle nous révèle quelques faits précis, qui viennent grossir utilement le faisceau de nos connaissances objectives.

Nous étudierons successivement le Foie chez *l'enfant* et chez *l'adulte*.

*a)* Le foie de l'enfant malade est fréquemment augmenté de volume : il dépasse le rebord des fausses côtes de 1, 2, 3, 4 travers de doigt, sans modification de forme appréciable. Ce gros foie ne se révèle généralement qu'à la palpation, et à condition que l'observateur ait le soin de soutenir et de relever énergiquement avec la main gauche la région lombaire correspondante ; il semble en effet que la glande hépatique, en augmentant de volume et de poids, ait basculé autour de son axe transversal, sa face antéro-supérieure se détachant de la paroi costale et son bord antérieur devenant franchement inférieur ; le relèvement de la région lombaire, en diminuant l'ampleur de la cavité abdominale au niveau du flanc, rapproche le bord antérieur du foie de la paroi abdominale et permet au médecin d'en percevoir aisément le contour (1).

Mais l'accroissement de volume du foie ne va pas chez l'enfant sans une certaine mobilité par les mouvements respiratoires.

_______

(1) En raison de l'état habituel de vacuité relative du flanc droit, chez les malades, cette manœuvre est toujours nécessaire, qu'il s'agisse de la recherche du foie, du rein ou de l'angle droit du colon, aussi bien chez l'adulte que chez l'enfant.

Ce foie gros et mobile s'observe chez le nourrisson aussi bien que chez l'enfant de 3 ou 4 ans. A partir de 8 ou 10 ans, la constatation en est plus rare. Nous avons cru remarquer que la mobilité survit à l'accroissement de volume : chez nombre d'enfants de 10 à 15 ans, on trouve de la mobilité hépatique avec volume normal de l'organe.

Quels enseignements tirer de ces constatations objectives ? Tout d'abord il faut bien savoir que l'hypermégalie hépatique ne va pas sans l'hypermégalie abdominale : un examen attentif montrera toujours un gros ventre évoluant parallèlement à un gros foie (voir le chapitre de l'Inspection). Et si le ventre de l'enfant n'est pas gros, on aura de la mobilité hépatique simple, sans augmentation de volume.

La recherche du foie à l'aide des mouvements respiratoires n'est pas à l'abri de toute cause d'erreur : un foie, qui se laisse aisément mobiliser par la respiration, peut en imposer pour un gros foie à un médecin peu exercé dans ces manœuvres exploratrices. Il est utile, nécessaire même, de rechercher le foie pendant le repos respiratoire ou plus exactement pendant la respiration normale. Chez l'enfant, dont la tension abdominale est faible et l'épaisseur de l'abdomen réduite, la recherche du foie est du reste exempte de toute difficulté.

L'hypermégalie hépatique bien constatée chez un enfant, c'est tout un horizon pathologique qui s'offre aux yeux du médecin : le tractus gastro-intestinal est distendu, la tension abdominale est diminuée, la digestion est irrégulière et, *quelles que soient les apparences*, la santé de l'enfant n'est pas normale. Souvent il s'agit d'enfants robustes, gros et gras, qui se sont développés d'une façon précoce et dont l'état de santé semble irréprochable. La découverte d'un *gros foie*, plus ou moins mobile, nous invite à la réserve en nous dévoilant le côté morbide, en quelque sorte dégénératif, de cet édifice extérieurement si brillant.

Pratiquement, la constatation du gros foie chez l'enfant

est une ressource précieuse, à cause des difficultés beaucoup plus grandes dont est entourée l'exploration du reste de l'abdomen : le foie se trouve rapidement et l'examen clinique en est facile, tandis que la tension abdominale, le colon et l'estomac exigent une palpation plus profonde, plus attentive et sont d'une appréciation plus complexe et plus délicate.

Quant à la mobilité simple du foie, elle n'a pas d'autre signification que celle d'une tension abdominale ordinairement diminuée, d'un ventre constamment mou, d'une masse gastro-intestinale peu ferme, peu dense, soutien insuffisant pour la glande hépatique.

Et si la fréquence des modifications hépatiques, hypermégalie et mobilité, semble plus grande chez l'enfant que chez l'adulte, cela tient, à notre avis, à une double cause, à savoir : d'abord, l'extrême fréquence des troubles gastro-intestinaux chez l'enfant qui, au point de vue pathologique, *est tout entier dans son tube digestif ;* en second lieu, la dilatabilité extrême des organes de l'enfant dont les tissus, dans un état anatomique encore embryonnaire, se laissent *modeler* au gré des causes ambiantes avec une grande facilité ; témoin le ventre du nourrisson, exclusivement nourri au lait, qui peut prendre des proportions notablement exagérées.

*b*) A mesure que les tissus s'affermissent et que l'individu marche vers son plein développement, la glande hépatique obéit moins aisément aux fluctuations de l'appareil gastro-intestinal, et, chez l'adulte, la découverte d'un signe objectif hépatique suppose, comme nous l'avons dit, une longue chaîne d'épisodes morbides dont nous devons connaître toute la série, si nous voulons donner au fait hépatique sa véritable signification. Il est évident que les causes pathogènes impressionnent le tractus gastro-intestinal primitivement et le foie secondairement. Il est non moins certain, l'évolution des états morbides nous l'enseigne, que les *localisations* hépatiques sont toujours postérieures à l'imprégnation morbifique du tractus proprement dit. Et, par localisations hépatiques, nous voulons désigner les modifications anatomiques de la glande susceptibles d'être décelées par les moyens dont dispose le clinicien et par conséquent de nature à se prêter à une *notation objective indiscutable*.

En étudiant le segment digestif différencié, nous avons montré qu'à côté d'une distension fonctionnelle et passagère, il était le siège d'une distension anatomique et permanente, correspondant à un accroissement réel de sa masse en même temps qu'à une multiplication de ses éléments anatomiques. Nous avons vu ensuite cette hypermégalie schématique prendre en clinique des reliefs plus nets encore; le ventre, subissant l'hypertrophie d'adaptation, devient capable d'acquérir d'énormes proportions. Or, le foie, à titre de glande annexe du tube digestif, n'échappe point à ce processus d'hypermégalie et, en général, nous pouvons dire : *tel ventre, tel foie* (1).

Mais, au cours de la phase d'adaptation, la saillie et la rénitence abdominales s'opposent généralement à l'exploration abdominale, et ce n'est qu'à la phase de déclin, alors que le ventre est partiellement effondré et la rénitence abdominale franchement diminuée, que la main peut percevoir la glande hépathique. Elle est encore volumineuse si le déclin est peu avancé ; elle est au contraire diminuée de volume si nous sommes en pleine phase de déclin confirmé. Et dans ce cas la palpation nous révèle une double forme objective : soit un *petit foie ratatiné*, dur, mobile, au bord antérieur comme effacé, presque imperceptible, n'atteignant pas le rebord inférieur costal, au repos respiratoire, lorsqu'il s'agit d'un tube digestif dont l'hypertro-

(1) En règle générale, c'est à la simple inspection que le gros foie se diagnostique : *gros ventre* veut dire *gros foie*. En effet, au fur et à mesure que la cavité abdominale se dilate, la loge hépatique, qui en est une portion, s'agrandit parallèlement et récèle un contenu de plus en plus volumineux.

phie a été modérée et d'une longue durée ; soit un *foie aplati*, dont le bord antérieur s'est comme étiré pour former deux languettes plus ou moins flottantes ; l'une, dépendant du lobe droit, descend jusqu'au voisinage de la crête iliaque, l'autre moins apparente recouvre l'épigastre sur une étendue de trois ou quatre centimètres immédiatement au-dessous de l'appendice xiphoïde ; il s'agit alors d'un tube digestif qui a fait une hypermégalie énorme, à marche rapide, souvent entrecoupée d'épisodes variés.

Dans le premier cas, l'hypermégalie abdominale et l'hypertrophie hépatique ont évolué régulièrement et simultanément, dans la phase de compensation comme dans celle de déclin ; en même temps que l'abdomen s'effondre, le foie subit une atrophie régressive parallèle. Si les anamnestiques, l'état général et les signes abdominaux laissent encore le pronostic indécis, *l'atrophie du foie* efface tout espoir d'une *restitutio ad integrum*.

Dans le second cas, la marche de l'hypermégalie a été rapide autant du côté du foie que de l'appareil gastro-intestinal. La cavité abdominale ne pouvant contenir tous ses viscères, dont les proportions sont devenues monstrueuses du jour au lendemain, il s'est produit une sorte de phénomène d'*extravasation :* extravasation de la masse abdominale dont la saillie semble se détacher du tronc ; extravasation de la glande hépatique à droite et à gauche de sa loge physiologique. Puis ce processus d'hypermégalie s'arrête, l'abdomen s'effondre et le clinicien constate alors la déformation caractéristique du foie dont les languettes mobiles sont des vestiges comparables aux plis flottants de la paroi abdominale. Le développement rapide du ventre, l'accroissement démesuré de la capacité du canal alimentaire indiquent chez de tels sujets une malléabilité particulière des tissus, en faveur de laquelle vient encore plaider la grosse déformation de la glande hépatique.

Il est aisé de comprendre que nous avons à dessein

choisi comme objet de notre description les déformations les plus avancées. Si les variétés individuelles sont innombrables et ne sauraient trouver place dans notre exposition sous peine d'engendrer de la confusion, toutes évoluent autour de ces deux types et reconnaissent les mêmes conditions pathogéniques essentielles.

Lorsque les réactions morbides sont faiblement accusées et que la maladie parcourt ses diverses phases sans modifier la forme du ventre, tout au moins dans le sens de l'hypermégalie, le tableau de la symptomatologie hépatique se simplifie singulièrement et se résume dans une seule forme objective, la *mobilité*. C'est là un fait d'observation courante en pathologie digestive. Tout autre que l'altération du tissu hépatique que nous venons d'étudier, la mobilité du foie rentre dans le domaine de la pathologie abdominale proprement dite et ressortit spécialement à la question des mobilités viscérales qu'il nous reste à aborder.

D. — Mobilité et déplacement des viscères abdominaux (1).

S'il est aisé de concevoir que la trouvaille d'un gros viscère, comme le foie ou le rein, errant dans la cavité abdominale loin de sa loge, ait pu frapper vivement l'attention des premiers témoins, exciter leur curiosité et donner parfois des ailes à leur imagination, nous ne pouvons plus, à l'heure présente, en face de l'abondance des données objectives recueillies par l'exploration, nous laisser hypnotiser par un fait d'ordre plutôt anatomo-pathologique que clinique; notre devoir est seulement de le signaler en lui donnant son exacte interprétation (2).

---

(1) Nous employons de préférence, le lecteur a déjà pu s'en convaincre, des mots d'usage courant et à consonnance française; ce sont ces mots qui traduisent le mieux notre pensée.

(2) Le lecteur trouvera dans le livre de notre collaborateur et ami le Dr Léon Vincent (*Traité de l'exploration manuelle des organes digestifs*), récemment paru, une réfutation précise et complète de la théorie de l'entéroptose, telle que l'a exposée M. Glénard.

La cavité abdominale contient deux sortes de viscères : *des viscères creux et des viscères pleins*. Les viscères pleins sont fixés par des ligaments à la partie supérieure de cette cavité, sous la voûte diaphragmatique ; au-dessous et à côté sont les viscères creux, remplis d'air sous une pression constante, tassés les uns contre les autres, se soutenant réciproquement sans faire appel à leurs moyens d'attache et formant cette masse élastique et résistante tout à la fois qui complète la fixation des viscères sus-jacents. En résumé, à l'état normal, ces deux sortes de viscères se prêtent un mutuel appui, en vertu duquel ils se maintiennent dans leurs positions respectives, aussi bien au repos que pendant les actes fonctionnels.

A l'état pathologique, un grand fait va rompre cet équilibre statique : *ce sont les variations de l'état de tension des viscères creux*. Nous savons que cette tension est l'expression exacte de la vitalité des viscères. Or, avec la maladie, cette vitalité va en diminuant, soit d'une façon lentement progressive, continue, soit par à-coups, par intermittences. Dans les deux cas, il arrive un moment où la tension des viscères creux est au-dessous de la normale ; cédant à la pesanteur, ils tendent à quitter les régions élevées de l'abdomen et sont peu à peu entraînés vers le petit bassin. Les viscères pleins, perdant de ce fait un appui important, imposent à leurs ligaments un supplément de charge. Ceux-ci, affaiblis comme tous les tissus de l'organisme en voie de déchéance, ne trouvent point dans leur vitalité le surcroît d'énergie nécessaire pour résister à la surcharge, et il arrive qu'ils faiblissent, s'étirent, s'allongent progressivement, créant ainsi la *mobilité viscérale*.

Quant aux *déplacements* des viscères, ils reconnaissent pour cause, en dehors des traumatismes, les tiraillements d'ordre divers auxquels sont soumis les ligaments suspenseurs. Si, à l'état physiologique, la tension abdominale est telle que la fonction digestive peut s'accomplir sans que les anses digestives mettent à contribution leurs moyens de fixation, à l'état pathologique c'est un appel presque constant aux forces supplémentaires de l'appareil ligamenteux, qu'il s'agisse de sténoses spasmodiques ou de distensions fonctionnelles ou encore de tiraillements mécaniques après effondrement partiel ou total de la masse gastro-intestinale. Les ligaments déjà affaiblis et relâchés finissent par céder, et nous assistons progressivement à une sorte de transposition de tous les organes abdominaux dont le tableau *complet* est le suivant : le rein droit est tout entier hors de sa loge ; le rein gauche laisse percevoir son extrémité inférieure ; le coude droit du colon est à la hauteur de l'ombilic, en avant et en dedans du rein ; une notable portion du foie déborde en bas la paroi costale ; enfin l'estomac devenu vertical est tout entier dans le flanc gauche, sa grande courbure atteignant l'ombilic et même le dépassant inférieurement de plusieurs centimètres.

En résumé, deux ordres de faits s'offrent à l'observation clinique : d'une part, des viscères qui se mobilisent sous l'influence des mouvements respiratoires, des changements d'attitude, etc., mais occupent leur siège normal à l'état de repos ; d'autre part, des viscères en situation fixe hors de leur habitat ordinaire et sur lesquels les mouvements n'ont plus aucune influence. Dans la généralité des cas, les viscères déplacés sont restés mobiles dans une certaine mesure, de même que les viscères mobiles sont plus ou moins déplacés.

Au point de vue pathogénique, l'insuffisance de la tension abdominale est la condition fondamentale de toute *dislocation abdominale*. Puis deux conditions secondaires interviennent, le *poids des viscères* et les *déviations fonctionnelles*. Les viscères pleins, c'est-à-dire le foie et les reins, se mobilisent et se déplacent surtout en vertu de leur poids spécifique qui croît à mesure que la tension abdominale baisse. Les viscères creux, c'est-à-dire tout le tractus gastro-intestinal, obéissent principalement aux tiraillements qu'entraînent les troubles fonctionnels de toute nature ; ce n'est qu'à la période ultime, quand l'*inertie* est prédominante, que le poids des anses digestives peut entrer en ligne de compte.

Il est un fait clinique, mis en relief par la mobilité viscérale, qu'il importe de signaler à l'attention des praticiens : la recherche du rein et du foie mobiles est infructueuse, et cependant la tension abdominale est précaire et l'état digestif fortement compromis ; mais voici que l'exploration, pratiquée en dehors de tout mouvement respiratoire sur le même malade non plus couché, mais debout, nous révèle un rein droit dans la fosse iliaque du même côté, un rein gauche tout entier hors de sa loge et un foie dont le bord antérieur avoisine la région ombilicale. Quelle signification comporte cette constatation curieuse ? Pour en bien saisir la portée, rapprochons-la d'abord d'un fait connexe : le même malade *examiné au lit* nous offrait un abdomen plat, voire même un peu excavé ; *examiné debout*, il présente un abdomen arrondi et faisant au-dessus du pubis une saillie bien appréciable (la mensuration peut donner 5 ou 6 centimètres de plus au périmètre pris dans la position verticale). C'est donc l'abdomen *tout entier* qui est mobilisé par les changements d'attitude du corps.

Cette nouvelle constatation nous donne la clef de ce phénomène en apparence paradoxal, à savoir, que les mouvements respiratoires sont impuissants à mobiliser une masse viscérale sans résistance propre, pour ainsi dire *inerte*, alors que le changement d'attitude en opère la translation totale dans une mesure extraordinaire. Dans l'acte respiratoire les contractions du diaphragme ne peuvent s'exercer qu'autant que ce muscle trouve un appui résistant dans la masse viscérale sous-jacente ; on peut dire que la résistance élastique de cette masse est la mesure exacte de l'ampliation du thorax d'origine diaphragmatique. A mesure que le point d'appui abdominal devient mouvant, le champ de l'excursion diaphragmatique se rétrécit et les muscles auxiliaires du diaphragme acquièrent une prépondérance compensatrice. Or, dans le cas que nous envisageons, la résistance élastique des viscères abdominaux n'existant plus qu'à l'état de vestiges, le point d'appui normal du diaphragme *se dérobe* dès que ce muscle entre en action ; il en résulte que la contraction diaphragmatique avorte en naissant et que l'acte respiratoire s'accomplit tout entier sans le secours de celle-ci, avec ses seules forces accessoires. D'où l'influence nulle des mouvements respiratoires sur la statique abdominale,

Ce complexus pathologique n'est point le fait de quelques jours ni même de quelques mois de maladie, mais bien d'une longue série d'actes morbides ; c'est peu à peu et par degrés successifs que s'est faite l'adaptation de l'organisme à cette indépendance réciproque du thorax et de l'abdomen.

La mobilité respiratoire des viscères, pleins ou creux, à un degré nettement accusé, n'est donc point un élément de pronostic défavorable ; elle indique au contraire une certaine tonicité de l'appareil digestif qui ne se laisse point déplacer par le diaphragme *sans résister*, c'est-à-dire sans fournir un point d'appui *utile* aux contractions de ce muscle (1).

L'exploration du ventre, particulièrement des hypocondres, dans la position debout, sera donc toujours le complément de l'exploration faite dans la position horizontale. Ce n'est qu'ainsi que le médecin pourra tirer du prolapsus viscéral tous les enseignements qu'il comporte.

Deux exemples cliniques feront mieux saisir notre pensée.

Voici un malade dont le rein droit est mobile ; quelle que soit l'ampleur de la respiration, on en peut saisir la moitié inférieure et rien de plus ; dans la station verticale, ce même rein est tout entier accessible à la palpation, que le malade respire ou ne respire pas.

_______

(1) Cette notion clinique, notamment, réduit à néant la classification des reins mobiles suivant le degré de leur *mobilité* ou plutôt lui enlève à peu près toute espèce de signification nosologique.

Voici un second malade chez lequel avec l'ampleur croissante des mouvements respiratoires le rein se laisse saisir sur une étendue de plus en plus grande, dans sa totalité même, et rentre *brusquement* dans sa loge à chaque repos de la cage thoracique; dans la position debout, pas de rein au repos respiratoire et une pointe seulement à la fin de l'inspiration forcée.

Dans le premier exemple, le faible degré de mobilité par les mouvements respiratoires indique une insuffisance avancée de la tension abdominale et, ce qui achève de le prouver, c'est que le changement d'attitude, la station debout, suffit à *déloger* le rein. Dans le second exemple, la mobilité plus grande et variable suivant l'amplitude de la contraction diaphragmatique, est le signe révélateur d'une tension abdominale peu diminuée, et nous en trouvons la démonstration positive dans ce fait que la station debout ne modifie pas la position du rein, qu'elle s'oppose au contraire à sa descente, la contraction de la paroi abdominale venant augmenter la résistance du point d'appui diaphragmatique.

En définitive, dans un organisme en détresse, la prépondérance des influences biologiques sur les influences d'ordre purement mécanique est toujours un signe de bon augure.


**III. — Différenciation des types cliniques à la palpation.**


Nous avons décrit tous les signes objectifs que révèle la palpation de l'abdomen. Nous nous sommes appliqué à montrer les conditions biologiques qui président à leur éclosion, et nous avons insisté sur la signification nosologique de chacun d'eux.

Nous allons maintenant envisager l'évolution morbide propre à chacun des types cliniques que nous avons admis, les Faibles et les Forts, et, chemin faisant, noter les signes objectifs plus spécialement propres à chaque type, avec leurs traits distinctifs empruntés au terrain sur lequel ils ont pris naissance.

Disons d'abord que la caractéristique propre à chacun des deux types, au point de vue des signes objectifs révélés par la palpation abdominale, ne réside pas tant dans l'examen *d'une phase fonctionnelle* que dans l'analyse de l'*évolution totale* de la maladie ; en d'autres termes, les signes objectifs considérés en eux-mêmes sont peu différents qu'ils appartiennent à un fort ou à un faible ; ce qui leur donne une signification spéciale et en quelque sorte une physionomie propre, c'est le moment de leur apparition au cours de la maladie et leur façon d'évoluer dans l'espace et dans le temps. Ainsi, un colon sténosé et dur chez un faible ne se différencie pas sensiblement d'un colon sténosé et dur chez un fort, et cependant sa signification est toute différente ; de même, l'estomac clapotant ou affaissé n'a pas la même valeur sémiologique suivant qu'il s'observe chez un fort ou chez un faible.

*A*. Palpation du tube digestif faible.

L'Inspection n'a révélé au clinicien que des traits symptomatiques de minime valeur ; la Palpation va lui permettre de récolter une plus abondante moisson. Mais c'est la Percussion, comme nous le montrerons plus loin, qui est le procédé le plus à même d'instruire l'observateur sur la phénoménologie du tube digestif faible. Il est intéressant de noter, en passant, que le tube digestif fort suit une progression inverse : Percussion de valeur réduite, Palpation plus fructueuse, Inspection enfin d'importance capitale et décisive.

La mise en évidence des particularités réactionnelles du tube digestif faible doit précéder et éclairer la description des signes objectifs révélés par la Palpation.

Le tube digestif faible est doué d'une excitabilité vive et pourvu d'une structure anatomique débile ; aussi les réactions de toute nature, qui répondent à l'aiguillon alimentaire, sont-elles rapides, de courte durée et de faible intensité. En face des causes morbides, il succombe sans résistance dès la première atteinte; en revanche, il se ressaisit, avec une plénitude et une rapidité surprenantes. Si la cause morbide persiste, la fonction s'adultère, mais avec une intensité d'autant moindre que le premier choc a inhibé une plus grande partie de l'activité digestive et rendu ainsi l'appareil partiellement insensible aux excitations de nature morbigène. Et c'est ainsi qu'après de longues années de maladies, qu'après des alternatives sans nombre d'accidents en apparence très graves et d'épisodes bénins, qu'après une évolution à laquelle l'état général semble avoir définitivement cédé, nous voyons, sous l'influence d'une cause psychique ou morale ou d'une thérapeutique hygiénique justement appropriée, le tube digestif se ressaisir contre toute attente et nous offrir tous les attributs d'une fonction qui s'accomplit sensiblement dans les conditions de la vie normale. Le clinicien doit bien connaître cette note distinctive du tube digestif faible et surtout ne pas l'oublier quand il s'agit d'estimer à sa juste valeur un signe objectif quelconque, sous peine de commettre de grosses erreurs de pronostic.

Ces qualités propres du tube digestif faible sont particulièrement curieuses à observer dans l'enfance, à cet âge où les causes pathogènes sont simples et peu nombreuses en même temps que le tube digestif est pur de toute réaction d'adaptation ou de compensation et partant manifeste librement toutes ses qualités natives.

Chez *l'enfant* faible, la digestion n'est parfaite que par intervalles. La moindre cause (surcharge alimentaire, qualités nocives de l'aliment, irrégularités des repas, absence de sommeil, coups de froid) abat la tonicité digestive ; pendant

24 ou 48 heures, l'estomac donne le *bruit de clapotage* à partir de la deuxième ou troisième heure qui suit le repas; le colon descendant se rétrécit, esquisse une sténose spasmodique et la fonction intestinale se traduit par des excréments et moins abondants et plus secs. En règle générale, c'est là un épisode très bénin, de très courte durée et de fréquence très grande.

Que la cause morbide soit plus intense ou ait une action plus prolongée, nous avons une persistance et une aggravation de cet état. Les signes objectifs s'accusent; c'est la distension gastrique immédiate par l'ingestion alimentaire, avec bruit de clapotage d'abord et flot gastrique loin du repas; c'est le boudin cœcal et la sténose franchement spasmodique du colon descendant avec la constipation absolue.

Enfin, un état morbide qui revient à chaque instant, c'est l'affaissement digestif par coup de froid. Nous avons alors, avec le *ventre pâteux*, le *colon pâteux* et l'*estomac affaissé* sans distension, sans bruit de clapotage, souvent avec un flot très discret.

C'est au milieu de tous ces épisodes, toujours légers, sans imprégnation profonde, que le tube digestif faible traverse l'âge de la croissance et arrive à l'âge adulte. Fait important : le moment du plein développement est tardif, le tube digestif garde au-delà du temps normal les caractères d'impressionnabilité et de fragilité propres à la croissance.

Nous retrouvons *chez l'adulte* la symptomatologie que nous avons analysée chez l'enfant, mais avec des traits plus accentués qui sont empruntés à la chronicité de la maladie. En étudiant la tension abdominale, nous avons vu que le ventre du faible ne présente qu'un caractère, la *mollesse*, pendant toute la durée du processus chronique. Cette mollesse, on le conçoit, varie avec l'ancienneté de ce processus, mais dans des proportions insaisissables au palper et partant est sans valeur objective pour marquer l'étape de la maladie ; tout au plus, pouvons-nous en percevoir une certaine accentuation quand il nous est donné de suivre le même malade pendant plusieurs années. Mais c'est dans la palpation profonde que le médecin va trouver quelques éléments fixes et sûrs, sur lesquels il lui sera possible d'asseoir son diagnostic.

La *phase fonctionnelle pathologique*, à laquelle nous avons assigné, comme signes objectifs, du côté de l'estomac, la distension et le bruit de clapotage, du côté du colon l'ampoule cœcale et la sténose spasmodique du descendant, s'adapte assez exactement au tube digestif faible dans les premières périodes de la maladie. Ce sont là les signes de la résistance opposée à l'obstacle, des efforts d'incomplète adaptation que fait l'appareil digestif ; à ce moment le ressaisissement peut s'accomplir d'une phase digestive à l'autre, et en tout cas le repos de la nuit est suffisant pour éteindre tout éréthisme pathologique et le matin à jeun le tube digestif est dans un état sensiblement normal. Ce sont les bons moments à proprement parler.

Mais nous venons de parler *d'incomplète adaptation*. A mesure que l'âge progresse ou que les causes pathogènes se multiplient, l'excitabilité digestive s'émousse sans compensation, l'élasticité abdominale diminue et nous voyons apparaître les signes objectifs de l'*affaissement* gastro-intestinal : le flot coexiste avec le clapotage, s'accentue loin du repas, d'abord présent pendant le jour, mais absent le matin à jeun, puis constamment présent, indiquant l'insuffisance permanente de la fonction gastrique.

Le bruit de clapotage et la sensation de flot sont d'une constatation particulièrement facile chez le faible. Le peu d'abondance des sécrétions gastriques, la faiblesse du myogastre réalisent en effet les conditions les plus propices à la genèse du clapotage, à savoir : distension très accusée de la cavité gastrique et petite masse de liquide résidual. Le flot trouve aussi heureusement réalisées ses conditions pathogéniques, c'est-à-dire une faible tension intra-gastrique et une paroi stomacale de frêle structure.

Si nous examinons le colon, nous trouvons que l'*ampoule cœcale* est maintenant remplacée par le *boudin cœcal* et que la sténose spasmodique du descendant s'est accusée et représente assez exactement ce que nous avons appelé le *tuyau de pipe*. La constipation, intermittente pendant les bons moments, est devenue absolue ; les sécrétions intestinales, parallèlement aux sécrétions stomacales, se sont appauvries et les matières fécales sont fragmentées et durcies.

La *constipation*, chez le faible, est particulièrement instructive. Phénomène banal, sans valeur aux yeux du médecin, c'est cependant le tourment du malade et la cause ordinaire, hélas ! de médications empiriques et intempestives qui éternisent la maladie et finalement précipitent la marche de l'épuisement digestif.

Cette constipation est un phénomène fort complexe. Pour le comprendre, il est nécessaire de savoir que les conditions qui président à la genèse des contractions spasmodiques sont aussi celles qui favorisent le tarissement des sécrétions. Cette notion ressort clairement de l'examen des tubes digestifs faibles et déjà nous l'avons laissé entrevoir dans notre étude schématique sur le seggment digestif faible.

Toute excitation démesurée, anormale, aboutit rapidement, par action d'arrêt, à un épuisement de l'irritabilité vitale des éléments anatomiques. Cet épuisement porte sur la totalité des éléments constitutifs de la paroi digestive, glandes, muscles, vaisseaux, nerfs. Mais de tous ces épuisements partiels quelques-uns seulement se révèlent à notre observation. Or, il arrive que nous trouvons, dans l'examen du colon, deux modalités s'objectivant, le spasme par la sténose dure et l'épuisement sécrétoire par la dessication des matières fécales. Et c'est tellement une constipation de nature *inhibitoire* qu'à un moment donné, à une période ultime de la maladie, alors que l'état spasmodique a pour ainsi dire disparu, il n'est pas rare de voir la constipation céder, à la grande joie du malade qui ne croyait pouvoir se séparer aussi aisément d'un camarade de 20 ou 30 années.

La vitalité digestive est arrivée à ce degré de faiblesse où les excitations sont à peine senties et n'entraînent plus que de vagues réactions : le spasme ne peut naître, et, chose curieuse, les sécrétions reviennent dans une certaine mesure. Les contractions musculaires et la fonction glandulaire ne sont plus évidemment que *l'ombre d'elles-mêmes* ; toutefois, s'exerçant *sans entrave*, elles suffisent à entretenir une pseudo-régularité des selles. A cette phase de la maladie, le colon est *sténosé* sur tout son trajet ; le cœcum lui-même a un calibre sensiblement égal à celui du transverse et du descendant ; on ne trouve plus trace de spasme ni de dilatation ; enfin, les différents segments du colon sont plus ou moins flottants et aisément mobilisables dans le sens normal à leur direction. Quant à l'estomac, il se présente sous la même forme discrète : pas de distension, bruit léger et profond de clapotage, parfois du flot avec ou sans clapotage. Les caractères du flot et du clapotage révèlent bien au clinicien exercé l'appauvrissement des sécrétions gastriques et l'état de faible tension des parois de la cavité.

Tels sont les signes objectifs de la dernière étape de l'épuisement digestif. La Percussion complétera et précisera ce tableau d'une façon lumineuse.

Mais il s'en faut que la vitalité de l'appareil digestif s'en aille régulièrement et progressivement ; le tube digestif faible est par excellence le terrain favorable aux accidents imprévus, aux manifestations bruyantes et fugitives. Toute cette pathologie cependant trouve sa caractéristique objective dans le tableau que nous venons d'esquisser. Le clinicien doit avoir constamment devant les yeux cette notion qui est l'assise du pronostic : plus les phénomènes spasmodiques sont intenses, plus le pronostic est favorable ; à mesure que la vie s'affaiblit, les signes objectifs deviennent plus flous et il survient du côté du colon une apparence de fonction physiologique.

En terminant, nous devons formuler une réserve : on trouve des malades fort gravement atteints, dont la vitalité digestive n'est plus qu'un souffle et qui cependant présentent le tableau à peu près complet de la résistance spasmodique. Si l'on cherche, on arrive aisément à saisir la raison de cette apparence paradoxale : ce sont des malades qui usent de remèdes actifs, sous l'influence desquels se perpétuent jusqu'à des limites extra-naturelles les phénomènes spasmodiques; ils vont succomber rapidement dès que leurs tuniques digestives ne pourront plus faire les frais de cette résistance tout artificielle.

### *B.* Palpation du tube digestif fort

Ici notre récolte de signes objectifs est moins riche : un moment de la maladie seulement se prête à la Palpation, c'est la phase de déclin confirmé et la période de déchéance. En un mot, la Palpation ne devient fructueuse que lorsque l'Inspection cesse de nous instruire.

Le tube digestif fort, avec ses périodes d'adaptation ou de compensation hypertrophique, puis de déclin et d'effondrement, évolue pathologiquement suivant un processus régulier qui se retrouve dans la séméiologie objective. Nous n'avons pas les alternatives de résistance et d'affaissement, l'imbrication des signes objectifs engendrés par un épisode et de ceux qui relèvent du cours naturel de la maladie, tous phénomènes qui donnent à l'examen du ventre, chez le *Faible,* une complexité que la plume est impuissante à traduire.

Le tube digestif fort, pendant la phase d'adaptation, est de calibre exagéré et possède des parois épaissies ; mais le palper ne saisit aucun signe objectif ni au niveau de l'estomac ni au niveau du colon : partout la main éprouve la même sensation de résistance énergique.

Au cours de la phase de déclin, un signe objectif apparaît, c'est *la sténose du colon descendant*, sténose modérée, plutôt molle que spasmodique. A ce propos il est bon de signaler un caractère proprement distinctif du tube digestif fort : tant que l'abdomen n'est pas complètement effondré, le colon descendant quoique sténosé reste d'un calibre supérieur à toutes les formes de la sténose que nous avons observées sur le tube digestif faible ; de même le spasme ne revêt pas les mêmes allures de netteté et d'intensité ; en un mot, le colon reste longtemps un peu *gros* et un peu *mou*. Ce n'est que dans les cas d'effondrement abdominal total et rapide ou à la dernière période de l'effondrement chronique que le colon fort rappelle le colon faible par l'exiguité de son calibre et l'intensité de son spasme.

Pour comprendre cette particularité, il suffit de se rappeler ce que nous avons dit de *l'édification matérielle* exagérée dont le tube digestif fort est le siège, pendant la phase de compensation, édification qui supplée au défaut *d'irritabilité vitale cellulaire* et explique l'hypermégalie abdominale. C'est à cette hypertrophie avec hyperplasie des éléments anatomiques de la paroi digestive que nous devons cet aspect *empâté* et le *gros* calibre du colon en sténose spasmodique chez le Fort.

Mais en même temps que l'abdomen a diminué de volume et que la maladie a progressé, l'estomac est entré en scène à son tour. Dans les premiers temps, alors que l'estomac à moitié terrassé est encore capable de déployer, au moins par moments, une grande partie de cette vigueur anormale qui a été jusqu'à présent sa caractéristique fonctionnelle, les conditions du bruit de clapotage et du flot ne se réalisent que difficilement et incomplètement. Les sécrétions de l'estomac sont encore abondantes et la fonction évacuatrice suffisante grâce à la musculature qui est

restée puissante. De même, nous n'avons pas de distension
fonctionnelle de l'estomac, contrairement à cette opinion,
partout acceptée sans contrôle, que tout gros mangeur
(car il s'agit d'un gros mangeur) a de la dilatation d'estomac : chez notre malade nous avons un tractus
gastro-intestinal généralement et constamment élargi,
mais nous n'avons pas cet *agrandissement* de l'estomac
qui survient à un moment de la fonction, en traduit
la défaillance et se révèle par l'apparition éphémère du
bruit de clapotage. Longtemps, en effet, les signes objectifs
constatables au niveau de l'estomac sont obscurs; c'est
une particularité qui frappe l'observateur. Ce n'est à vrai
dire que lorsque l'épigastre s'est aplati que le bruit de
clapotage et la distension gastrique se révèlent avec une
netteté suffisante. A ce moment, le cœcum et le colon ascendant forment une grosse ampoule gargouillante et tout
le reste du colon un gros cordon, de relief bien saisissable,
mais de consistance plutôt molle, comme nous l'avons dit,
et de tension déjà notablement diminuée.

Quand l'effondrement est consommé, les segments du
colon sont *flottants*, le cœcum forme un boudin empâté,
souvent de contours très flous, le colon transverse et le
colon descendant sont en état de sténose dure et variable
sous la main, enfin l'estomac donne le clapotage et le
flot, celui-ci d'autant plus franc que l'affaissement gastrique est plus complet.

La période d'état, le déclin et l'effondrement se sont suc-
cédé sans que la fonction intestinale se soit un seul instant trouvée au dessous de sa tâche : c'est là un fait remarquable, qui exige quelques développements. Contrairement
à ce qui se passe dans le tube digestif faible, ici les causes
pathogènes entraînent une véritable organisation de
défense : les éléments anatomiques deviennent turgescents, se multiplient et s'hypertrophient; en particulier,
l'élément musculaire et l'élément glandulaire deviennent

le siège d'une suractivité fonctionnelle qui se traduit par des contractions plus vigoureuses et par une abondance insolite de liquides secrétés sur toute la longueur du tractus gastro-intestinal. Les selles sont molles et copieuses ; la fonction vectrice suffit à la migration d'un bol alimentaire volumineux. Telles sont les réactions fonctionnelles caractéristiques de la période d'adaptation.

Nous trouvons là l'explication des épisodes diarrhéiques, fréquents chez cette catégorie de malades : l'élément sanguin subit dans la même mesure que les autres éléments l'hypertrophie compensatrice, et le réseau circulatoire devient le siège d'une sorte d'état pléthorique qui le rend d'une fragilité spéciale ; d'où ces congestions soudaines qui se traduisent par un état catarrhal et des débâcles abondantes. Cet état catarrhal est quelquefois le point de départ de l'effondrement abdominal et peut persister d'une façon désespérément tenace pendant toute la période de déclin, créant ainsi une forme clinique spéciale d'épuisement digestif.

Cependant, dans la majorité des cas, la déchéance arrive d'une manière en quelque sorte plus physiologique : la suractivité, sous ses diverses formes, va en s'atténuant progressivement, et les évacuations, de multiples et abondantes qu'elles étaient, deviennent normales comme nombre et comme masse ; c'est le fait ordinaire à la phase de déclin. Après l'effondrement abdominal, on les voit généralement persister, avec des variations toutefois, dans des conditions satisfaisantes. Mais, si l'état spasmodique arrive, la scène change et nous retrouvons, avec la constipation, les causes pathogéniques élémentaires analysées plus haut, à savoir : la contraction spasmodique et la rareté des liquides secrétés. L'élément anatomique a subi la régression structurale, et maintenant toute excitation engendre le *spasme* et son cortège, notamment l'*acrinie*.

Le tube digestif fort ne nous offre pas toujours cette

simplicité et cette régularité dans la maladie. Il est des évolutions morbides moins franches, d'une interprétation plus compliquée, dont nous devons chercher le secret dans la pathologie infantile.

Le tube digestif fort suit en effet une double évolution pour atteindre son plein développement : dans un premier cas, il se développe à peu près normalement, sans épisodes morbides capables d'entraver ou de faire dévier la croissance ; dans un second cas, soit par insuffisance native, soit par multiplicité anormale de causes nocives, la maladie a débuté avec la vie et l'épuisement a marché de pair avec la croissance. C'est alors qu'on voit l'adaptation cesser brusquement, souvent brutalement, c'est-à-dire par une maladie aiguë grave, vers la quinzième ou la vingtième année, au moment où les forces supplémentaires de la croissance manquent à l'organisme.

Le premier tube digestif, nous le connaissons : c'est celui qui nous offre l'évolution classique du gros ventre.

Quant au second, il présente une phénoménologie qui défie toute description générale. Pour en comprendre toutes les nuances et se ressaisir au milieu du *fouillis* symptomatique, le clinicien analysera minutieusement les antécédents, en particulier *les caractères de l'adaptation infantile* et la *gravité de l'épisode qui y a mis fin* ; puis il cherchera dans l'exploration abdominale quelques-uns des signes objectifs propres à l'un et à l'autre des tubes digestifs fort et faible ; du rapprochement de tous ces facteurs naîtront quelques idées directrices, à l'aide desquelles il pourra aisément instituer la thérapeutique qui convient au malade.


### IV. — Quelques commentaires cliniques.

Toutes ces notions objectives, qui varient à l'infini et que nous avons exposées seulement dans leurs traits principaux, constituent, à proprement parler, le fondement anatomique sur lequel repose toute la pathologie digestive. Toutefois, elles ne sont suggestives qu'autant qu'elles sont fécondées par la clinique générale. Déjà, en les exposant, nous nous sommes efforcé de les commenter, de les *vivifier* avec les ressources de notre pratique et de notre expérience des malades. Mais nous avons la certitude d'être à ce point de vue resté bien au-dessous de notre tâche, tant il est difficile d'exprimer par une phrase l'idée complexe d'une *réalité!*

Quelques nouveaux exemples cliniques ne seront point superflus à la fin de cette étude. Prenons comme sujet de commentaires la *sténose spasmodique* du colon.

A côté de ce fait objectif univoque, d'une constatation facile et banale, nous pouvons placer toute une série de manifestations fonctionnelles essentiellement distinctes — constipation absolue, selles dures et rares, molles et abondantes, évacuations multiples ou quotidiennes, indolentes ou douloureuses, etc., etc. Comment expliquer des manifestations si diverses ayant pour substratum la même forme anatomique? La clinique va nous répondre.

Voici un *faible* surpris par un épisode d'asthénie subaiguë; il continue à s'alimenter et à vaquer à ses occupations ; l'excitation alimentaire, rencontrant une paroi digestive dont la vitalité est en partie *inhibée*, aboutit d'emblée au spasme qui remplace le péritaltisme normal de la veille ; c'est la constipation pure et simple. Telle est la signification de ce colon en état de *sténose spasmodique*.

Voici une femme en couches qui cède aux sollicitations de son entourage et prend des aliments ou trop abondants ou trop substantiels dès les premiers jours de sa délivrance, alors que l'appareil digestif est dans cet état de *parésie*, caractéristique de la période puerpérale. Nous arrivons aux mêmes phénomènes que précédemment : spasme du colon et constipation absolue, chez un sujet de *réceptivité morbide* bien différente.

Voici un fort à la phase de déclin confirmé ; l'abdomen a perdu son ampleur ; l'organisme tout entier a subi cet effondrement qui le rend méconnaissable ; le colon est en état de spasme et la fonction se traduit par des selles molles, abondantes, diarrhéiques par intermittences. C'est que, dans ce cas, le spasme objectif est la signature d'un état anatomique et physiologique fort complexe, dont l'évolution abdominale nous donne la clef. Pendant la période d'hypermégalie abdominale, tous les phénomènes vitaux, circulation, secrétion, motricité, étaient uniformément exagérés, et c'était la régularité dans la multiplicité et dans l'abondance des évacuations. A la période de déclin, la fonction répond à une vitalité qui s'éteint et se ressaisit alternativement ; ce sont des oscillations dans la *faiblesse progressive*, et cette faiblesse avant d'être absolue, reste *elle-même* encore quelque temps, c'est-à-dire donne lieu à des réactions énergiques de tous les éléments constitutifs de la paroi colique : d'où l'abondance des selles, d'où l'irrégularité et dans le mode d'évacuation et dans la nature des matières évacuées. Ce colon en sténose dure, chez le fort, est caractéristique d'un moment de la période de déclin : *avant*, il était largement béant et ne formait qu'un relief difficilement saisissable ; *après*, il s'affaissera, ses parois s'accoleront, le relief en sera plus ou moins effacé et souvent le trajet n'en sera décelé que par quelques crépitations humides, à grosses bulles, tout à fait fugitives. En résumé, le spasme colique du fort est d'une nature spéciale : il reste toujours modéré, ne va pas jusqu'au tuyau de pipe du faible. La perméabilité du canal se trouve ainsi sauvegardée, au même titre d'ailleurs que les autres processus biologiques, y compris les sécrétions glandulaires.

Voici enfin une malade, qui a fait de l'adaptation compensatrice pendant son enfance, adaptation qui a pris fin vers la quinzième année. Depuis lors, activité restreinte, forces générales diminuées, appétit amoindri, souvent absent, état de maigreur très lentement progressif, faiblesse irritable de l'estomac qui a imposé des habitudes rigoureuses de sobriété : l'examen du colon dénote un état de *sténose spasmodique* et l'interrogatoire nous révèle une régularité « mathématique » des fonctions intestinales. Cette malade, née forte, a épuisé en grande partie, pendant les premières années de sa vie, *avant son complet développement*, ses aptitudes natives à l'hypersthénie digestive ; elle reste maigre, sans saillie abdominale, sans appétit exagéré ; son colon est en état de sténose constante et tout son tube digestif manifestement rétracté. Une seule prérogative du fort a survécu, c'est la régularité des évacuations alvines, que nous explique d'ailleurs l'état irritatif du colon ; c'est là en quelque sorte le diminutif en même temps que l'équivalent de l'exubérance fonctionnelle que nous offre le fort, d'évolution ordinaire, dont la fonction digestive ne commence à s'altérer qu'à l'âge adulte.

Telle est une simple ébauche de clinique digestive. Le tableau complet aura sa place dans la deuxième partie de cet ouvrage.

# CHAPITRE IV
## De la Percussion de l'abdomen.

———

**I. — Notions générales sur la sonorité de la membrane digestive.**

*A.* Son fondamental.

*B.* Son fonctionnel.

      1º Hauteur du son fonctionnel.

      2º Intensité du son fonctionnel.

         Résonance. — Tympanisme.

**II. — Etude clinique de la sonorité abdominale.**

*A.* Sonorité abdominale chez le Faible.

    Période de résistance { 1º Phase d'adaptation.
                            2º Phase de déclin (1$^{er}$ et 2$^e$ degrés).

                     Percussion de l'estomac.

                           —     du cœcum.

                           —     de l'intestin grêle.

*B.* Sonorité abdominale chez le Fort.

                     1º Phase d'adaptation.

    Période de résistance { 2º Phase de déclin (1$^{er}$ et 2$^e$ degrés).

                     3º Evolution irrégulière du déclin.

*C.* Percussion du foie.

*D.* Sonorité abdominale dans les états subaigus.

*E.* Déchéance digestive :

      1º Inertie.

      2º Etat parétique.

———

**I. — Notions générales sur la sonorité de la membrane digestive.**

Des trois sources d'informations objectives qui sont à la portée du praticien, *Inspection*, *Palpation*, *Percussion*, cette dernière est sans conteste la plus négligée, la plus ignorée. Et cependant, l'expérience nous permet de l'affirmer, c'est de toutes la plus féconde.

L'Inspection et la Palpation ne nous donnent des renseignements directs que sur l'*état anatomique* de l'appareil digestif, et ce n'est que par voie de déduction logique que nous arrivons à la notion de l'*état fonctionnel*. La Percussion, au contraire, en nous révélant les mille nuances de la sonorité abdominale, surprend la fonction à tous les moments de son évolution, et nous en dévoile admirablement les formes changeantes, les aspects curieux, les phases décisives et lumineuses.

Le tube digestif, en effet, réalise les conditions d'une *cavité sonore* : ses parois, tendues sur un contenu gazeux qui se trouve en équilibre de pression avec l'air atmosphérique, vibrent aisément et rendent toute une série de sons, qui constituent autant de faits objectifs à la disposition de l'observateur. Nulle autre cavité de l'organisme ne peut être comparée au canal digestif pour la richesse et la variété des modulations sonores.

Mais, pour commenter le fait physique, nous ne devons pas quitter le terrain de la clinique. Contrairement aux membranes inertes du physicien, la membrane digestive, qu'étudie le médecin, offre une constitution moléculaire variable avec les phénomènes vitaux dont elle est le siège ; il s'agit d'une membrane *vivante*, dont les propriétés physiques se trouvent incessamment modifiées par l'activité vitale et sont par conséquent d'une mobilité extrême ; ici, pour tout dire en un mot, *c'est la vie qui commande et définit la forme des vibrations sonores.*

Etudier ces vibrations dans leurs modalités les plus diverses, les mettre en parallèle avec les autres manifestations objectives, déduire de cette comparaison une notion plus complète et plus précise des actes digestifs, telle est la tâche propre du clinicien.

La paroi de notre cavité sonore est pourvue de nerfs, de vaisseaux, de glandes, de muscles, etc. *Au repos*, l'activité de ces divers éléments entretient la tension de cette paroi à un degré défini. Si nous la faisons vibrer, celle-ci rend un son dont l'intensité et la hauteur traduisent, on le comprend, cette *activité vitale*. *Pendant la fonction*, l'état physiologique de tous les éléments se modifie dans le sens de l'éréthisme ; parallèlement, l'amplitude et la rapidité des vibrations de la paroi changent pour donner naissance à un son différent qui caractérise l'*activité fonctionnelle*.

A ces deux formes d'activité, l'*activité vitale* et l'*activité fonctionnelle*, correspondent ainsi deux modalités sonores, le *son fondamental* et le *son fonctionnel*.

En résumé, le médecin explore une cavité sonore qui *vit* et *fonctionne* ; le son fondamental traduit l'intensité des actes vitaux et le son fonctionnel donne la mesure des réactions vitales momentanément suscitées par la fonction.

Une première conclusion se dégage dès maintenant : organe vivant, notre cavité sonore devra toujours être envisagée à l'état de repos et à l'état de fonction.

L'appareil digestif, en tant que canal gastro-intestinal, se confond avec la cavité abdominale. Celle-ci forme une cavité sonore vivante ayant une double paroi : sa paroi propre et les tuniques digestives. La paroi propre de l'abdomen vibre, comme les tuniques digestives, à la percussion ; à ce titre, elle modifie certainement la sonorité de la cavité digestive. Mais, comme son état anatomo-physiologique varie peu chez un même individu, on est en droit de la considérer comme une *constante* qui ne doit point entrer en ligne de compte dans l'estimation de la sonorité abdominale. C'est, en effet, la cavité digestive elle-même, avec ses réactions vitales si complexes, qui commande toutes les modulations du son abdominal ; ce sont ces réactions, c'est cette cavité que le clinicien a en vue, quand il percute l'abdomen : *sonorité abdominale* est synonyme de *sonorité digestive*.

Pratiquement, la paroi abdominale nous semble faciliter singulièrement l'exploration par la percussion en fournissant à la main un plan à la fois résistant et élastique, vibrant obscurément, mais vibrant quand même à l'*unisson* des membranes plus délicates sous-jacentes. Dans certains cas de faiblesse digestive très avancée, d'amincissement extrême des tuniques gastro-intestinales avec hypotension excessive, ce rôle de la paroi abdominale est particulièrement évident; la percussion directe ne donnerait aucun son et ne réussirait qu'à écraser l'anse digestive à explorer.

C'est dans des cas analogues qu'inversement la paroi abdominale réalise cet écrasement, que la main produirait dans la percussion directe : douée d'une sensibilité exagérée, cette paroi se tend brusquement sous la main et transforme en zone mate une zone de tonalité aiguë et de sonorité très faible. Le relâchement de la paroi, obtenu de la volonté du malade ou grâce à une percussion très superficielle et très légère, ne tarde pas à rendre à la zone en question sa véritable sonorité.

Quoi qu'il en soit, nous devons voir dans la cavité abdominale une cavité sonore unique et l'étudier comme telle, sans tenir compte pour le moment de sa segmentation anatomique et des différences de calibre des diverses anses digestives; à l'état normal, celles-ci sont sous une même tension, communiquent librement entre elles, réagissent synergiquement en face de l'excitation alimentaire et par conséquent présentent *un degré de vibratilité uniforme* au cours de la fonction aussi bien que pendant le repos.

La physiologie normale n'est point seule à réaliser cette uniformité de son ; nombreux sont les cas pathologiques où la percussion est incapable de révéler autre chose qu'un son sensiblement le même sur toute la surface de l'abdomen.

Il est bon même, à propos de ces remarques d'ordre essentiellement pratique, de tenir le médecin en garde contre les minuties de la percussion : il doit avant tout et toujours se souvenir qu'il percute une cavité unique, que le cloisonnement est un fait accessoire et que le diagnostic a d'autant plus de chances d'être exact qu'il *dérive de l'estimation générale de la sonorité de l'abdomen*.

Ces données nous autorisent à entrer dans quelques considérations de principes sur *la sonorité de la membrane digestive*, autrement dit sur le tube digestif envisagé comme *cavité sonore unique*, indispensables d'ailleurs pour la compréhension des faits particuliers. Nous étudierons successivement le *son fondamental* et le *son fonctionnel*.

### A. Son fondamental.

En fait, le son fondamental n'est point aussi facile à discerner qu'on serait tenté de le croire. La durée de l'éréthisme fonctionnel est en effet extrêmement variable suivant les sujets et suivant les formes de la maladie. Il ne suffit point de pratiquer la percussion à jeun le matin ou quatre à cinq heures après l'ingestion alimentaire pour avoir la certitude que le son perçu est le *son fondamental*. L'état fonctionnel peut occuper tout l'intervalle qui sépare deux repas ; il persiste souvent du jour au lendemain chez des individus qui semblent jouir encore d'une santé satisfaisante. Au contraire, il peut être d'une durée très écourtée chez des individus dont la santé générale et la fonction digestive sont fort précaires. C'est là un point de pratique fort délicat, que nous préciserons au cours de ces pages, notamment en étudiant l'*enchevêtrement des phases digestives*.

Quoi qu'il en soit, le son fondamental traduit l'intensité de *vie* de la membrane digestive. Il s'ensuit que, chez le même individu, *ce son va s'obscurcissant à mesure que la vitalité digestive diminue*. Les caractères du son fondamental peuvent donc fournir au clinicien exercé une notion approximative immédiate des forces disponibles du tube digestif. L'intensité surtout est de signification décisive.

La hauteur perd de sa valeur clinique, quand il s'agit du son fondamental. Nous verrons qu'elle devient prépondérante dans l'appréciation du son fonctionnel.

Cette première donnée, toute capitale qu'elle soit, n'a pas une valeur absolue et exige, pour être utilisée, le contrôle des faits. Un son fondamental de faible intensité chez un malade, qui a présenté l'évolution pathologique du Faible est d'un pronostic sombre : la résistance digestive est près d'être épuisée. Le même son fondamental, chez un malade ayant les antécédents du Fort, n'implique pas la même gravité de pronostic, et le clinicien, dans ce cas, doit appuyer son jugement sur d'autres éléments d'information.

C'est qu'en effet, à côté de la diminution de vitalité, il est une autre cause capable de modifier le son fondamental : *l'épaisseur de la membrane vibrante*. On peut dire, sous forme de loi, que *l'intensité du son est en raison inverse de l'épaisseur des membranes*. Or, il est toute une catégorie de malades, les *Forts*, chez lesquels la membrane digestive a subi du fait de la maladie un véritable remaniement, et, en particulier, une hyperplasie qui en a augmenté notablement l'épaisseur. La diminution d'intensité du son fondamental trouve alors une raison naturelle, qui en modifie la valeur comme élément de pronostic.

C'est ainsi que nous sommes amenés à trouver dans la sonorité abdominale une forme nouvelle d'extériorisation de la *tension abdominale*. Nous savons que celle-ci se décompose, à la Palpation, en deux éléments irréductibles : la *rénitence* et *l'élasticité*. La tension abdominale du Fort est surtout faite de rénitence, tandis que *l'élasticité* en est la qualité prédominante chez le Faible. Or, nous voyons la sonorité confirmer et objectiver à son tour cette dichotomie clinique : la paroi digestive du Faible, mince et excitable, est apte à vibrer; celle du Fort, plus massive et moins excitable, présente une sonorité plus obscure. D'autre part, nous savons que l'élasticité abdominale est en raison directe de l'irritabilité vitale et que la rénitence est en rapport avec l'édification matérielle de la paroi digestive. La conclusion s'impose : élasticité et sonorité ont, en dernière analyse, une origine commune, et tout ce qui favorise l'une tend à développer l'autre. Nous les verrons, au lit du malade, évoluer parallèlement, en nous donnant des renseignements cliniques d'autant plus précis et significatifs qu'ils se confirment mutuellement.

Quelques faits cliniques vont « donner corps » à ces notions théoriques.

1° Voici un ventre d'aspect normal, de forme arrondie dans le décubitus dorsal ; le palper révèle une rénitence encore suffisante. Mais voilà que la percussion dénote une absence de sonorité : ce ventre est mat ou submat. L'absence de son nous invite à suspendre notre jugement et à pousser plus loin notre enquête clinique. La malade nous apprend alors qu'elle a eu le ventre gros dès sa première enfance et l'a conservé ainsi jusqu'à présent. Elle nous raconte, en outre, détail caractéristique, que, depuis le début de sa maladie, *elle a maigri considérablement, sans perdre son gros ventre;* « j'ai maigri de partout, sauf du ventre », nous dit-elle. C'est ainsi que la percussion nous a donné un enseignement décisif : la rénitence et la saillie abdominales ne sont point le fait d'une vitalité satisfaisante, mais bien d'une masse gastro-intestinale augmentée de volume et de densité, donnant à l'œil et à la main l'illusion d'anses digestives sous une tension physiologique. Il s'agit, en définitive, d'un ventre qui doit son *volume* et sa *rénitence* à des phénomènes d'hyperplasie pathologique, ayant évolué dès la naissance et par conséquent contemporains de son développement. Mais, fait capital, la vitalité de ce ventre est précaire. L'inspection et la palpation nous avaient laissé dans l'incertitude ; la percussion lève tous les doutes.

2° Voici un homme encore jeune, trente-cinq ans, dont le facies coloré, la rotondité abdominale et l'embonpoint général trahissent, à n'en pas douter, une santé enviable.

Les malaises dont il se plaint sont peu importants et d'allure tout à fait épisodique. Dans le décubitus horizontal, le ventre paraît encore se tenir, il s'aplatit peu et forme une saillie qui représente une cavité sonore de belles dimensions. Quelle n'est pas la surprise du médecin non prévenu de constater que la sonorité abdominale est pour ainsi dire absente ; c'est à peine si la percussion du ventre se différencie de celle de la cuisse. Cette simple constatation suffit à nous ouvrir un horizon sur l'avenir réservé à ce malade : cette masse abdominale est d'aspect imposant, de construction massive, mais de faible vitalité ; et ce qui le prouve, c'est que l'épisode morbide insignifiant, pour lequel le malade vient solliciter des conseils, a été capable d'amoindrir cette vitalité au point d'obscurcir la sonorité digestive, déjà naturellement faible.

Tels sont les faits et la clinique nous en révèle chaque jour d'aussi simples et d'aussi lumineux. Que d'errements inévitables, on le devine, de la part d'observateurs privés de ces notions cliniques essentielles !


### B. Son fonctionnel

La définition même de la fonction nous donne le sens dans lequel le son fondamental va se modifier pour devenir le son fonctionnel. Nous savons que la fonction est une exaltation momentanée de la *vie* d'un appareil ; par conséquent telle vie, telle fonction ; et tel son fondamental, tel son fonctionnel.

Développons et précisons notre pensée.

*a)* Pendant l'éréthisme fonctionnel, la membrane digestive *se tend*, proportionnellement à l'effort déployé, et, par conséquent, le son diminue d'intensité et augmente de hauteur dans une mesure strictement parallèle.

*b)* L'effort fonctionnel étant d'autant plus accusé que la faiblesse de la membrane digestive au repos est plus grande, il s'ensuit que l'écart entre le son fonctionnel et le son fondamental est d'autant plus accentué que ce dernier est plus obscur.

Telles sont deux lois primordiales.

Voyons comment la clinique nous en dicte l'application.

Une cavité sonore vivante, qui jouit de toute sa vigueur naturelle, ne subit, pendant l'éréthisme fonctionnel normal, que des modifications physiologiques insignifiantes ; elle est à la hauteur de sa tâche en quelque sorte d'emblée et la simple activité vitale est d'une puissance adéquate au travail supplémentaire qui constitue la fonction. Le son fonctionnel est ainsi peu différent du son fondamental ; la nuance qui les sépare est, en tous cas, objectivement insuffisante pour *marquer* le passage de l'état de repos à l'état de fonction.

Mais voici une cavité de force diminuée ; un son fondamental plus ou moins obscur indique une faible tension de ses parois. Un effort fonctionnel plus énergique est nécessaire en face du même travail à accomplir : le son fonctionnel se différencie franchement du son fondamental par une intensité moindre et une hauteur plus grande. De telle sorte que l'entrée en fonction de notre cavité *pathologique*, de son fondamental faible et bas, se signale à l'observateur par l'apparition d'un signe objectif précis, un *son fonctionnel plus faible et plus élevé*, faisant pressentir immédiatement les qualités réactionnelles de la membrane digestive. On pourrait, de la sorte, avec des exemples de membranes digestives de plus en plus faibles, de son fondamental de plus en plus obscur et bas, démontrer le parallélisme inverse du son fonctionnel se continuant et s'accusant avec les progrès de l'hyposthénie. A l'extrémité de l'échelle pathologique, l'intensité cessant d'entrer en ligne de compte, nous aurions une tonalité du son fondamental tellement basse que la sonorité cesserait d'être perceptible, *submatité ou matité par excès de gravité*, et comme corollaire, un son fonctionnel tellement élevé, que

la perception en serait également difficile, *submatité ou
matité par excès de hauteur*. La clinique, par une richesse de faits inouïe, réalisent toutes les conditions qui
engendrent ces mille variétés de son de la cavité digestive : en présence d'une tonalité aiguë, il faut penser à
l'absence de son ; le cas n'est pas rare où une zone de
tonalité élevée est remplacée, séance tenante, sous la
main qui percute, par une zone de tonalité basse ; parfois,
il suffit d'appuyer un peu fortement sur une région de
tonalité aiguë pour avoir un ton grave ou de la submatité, etc.

L'écart entre le son fondamental et le son fonctionnel
dénote donc, par sa présence, la faiblesse de la cavité
digestive, et, par son importance, il en mesure cliniquement l'étendue. Mieux que cela, il nous donne des renseignements positifs sur la durée d'évolution du processus
morbide, comme nous allons le voir en étudiant spécialement la *hauteur* du son fonctionnel.

*1° Hauteur du son fonctionnel.*

L'asthénie digestive évolue suivant un double mode : ou
bien elle est le fait d'une cause accidentelle qui annihile
*momentanément* et *partiellement* les puissances diverses
de la cavité digestive, ou bien elle résulte d'un épuisement lent et progressif de la vitalité des éléments anatomiques.

Dans le premier cas, le processus est subaigu ; dans le
second, il est chronique. L'état subaigu, en général transitoire, a des allures symptomatiques différentes de celles
que revêt l'état chronique toujours permanent. Nous savons
qu'essentiellement, au point de vue de la tension abdominale, c'est la diminution franche de l'élasticité qui dénonce
la parésie subaiguë, alors que le défaut de rénitence est le
signe particulier de la parésie chronique. Ces deux modalités objectives, déjà suffisamment distinctes à la palpation

pour une main exercée, le cèdent cependant en importance et en précision aux modifications de sonorité propres à l'un et à l'autre de ces états morbides.

C'est dans l'asthénie subaiguë que l'écart entre le son fondamental et le son fonctionnel atteint son maximum, et l'étendue de cet écart croît directement avec la franchise de *subacuité* du processus parétique. Il est vrai qu'à l'extrême limite toute sonorité est absente : c'est l'affaissement de la cavité, l'accolement de ses parois ; c'est l'imperméabilité du canal alimentaire. Mais ce fait est exceptionnel ; généralement, dans les cas les plus francs, on note, au repos, un son obscur, très bas, et, pendant la fonction, un son élevé se rapprochant de la submatité.

Dans l'asthénie chronique, l'étendue de cet écart est limitée à la quotité des forces digestives utilisables, de telle sorte qu'au dernier degré de *l'épuisement* le son fonctionnel ne se différencie pour ainsi dire plus du son fondamental. Toutefois, le canal est perméable et sonore, tant qu'il reste « une étincelle de vie ».

Il est bon d'ajouter que, dans la parésie subaiguë comme dans la parésie chronique, nous verrons le son fonctionnel se différencier de plus en plus à mesure que l'excitation alimentaire sera plus vive, c'est-à-dire capable d'éveiller un plus grand nombre des éléments engourdis par la maladie.

Pour conclure nous dirons :

*a*) Une tonalité fonctionnelle élevée ou aiguë suppose une tonalité fondamentale à peu près imperceptible par excès de gravité, et sert à caractériser objectivement la parésie subaiguë, c'est-à-dire un état morbide passager dans lequel la puissance digestive est en réalité peu diminuée, mais seulement suspendue pour un laps de temps variable ;

*b*) Une tonalité fonctionnelle basse ou grave suppose une tonalité fondamentale sensiblement de mêmes caractères et dénote une parésie chronique de la cavité digestive, c'est-à-dire un état d'épuisement préparé de longue date et voisin de la déchéance terminale.

En dernière analyse, c'est grâce à la tonalité du son abdominal que dans nombre de cas nous sommes en mesure, *au lit du malade*, de discerner l'état momentané de l'état définitif et de dire si les forces digestives sont simplement inhibées ou réellement épuisées.

Tout en reconnaissant ce que les propositions précédentes peuvent avoir de schématique et d'absolu dans la forme, nous affirmons que, dérivant de la clinique, elles s'adressent au clinicien et qu'avec une prudente interprétation elle peuvent le conduire à la vérité en présence d'une multitude de faits.

### 2° *Intensité du son fonctionnel.*

Plus instructive encore est l'étude de l'intensité du son fonctionnel, qui va nous permettre de saisir sur le fait le travail digestif et d'en fixer les étapes principales.

En cherchant à différencier le son fondamental du son fonctionnel, nous avons montré que la fonction pathologique se caractérise par un son plus faible et plus élevé que le son fondamental, la fonction normale n'amenant qu'une modification négligeable de la sonorité digestive.

C'est là une notion en quelque sorte théorique destinée à préparer l'esprit à la compréhension des faits tels que la nature les présente à notre observation. Disons-le de suite : la réalité est plus complexe.

*Résonance.* — Si nous revenons à notre cavité digestive simple, comme exemple, nous voyons que *l'insuffisance fonctionnelle entraîne, au point de vue de la sonorité, des effets diamétralement opposés, suivant que la cavité arrive ou non à surmonter l'obstacle alimentaire.*

Dans un cas, le travail est laborieux ; il y a une dépense exagérée de forces ; la membrane digestive se tend outre mesure et le son fonctionnel croît en hauteur et décroît en intensité proportionnellement au degré de tension de cette membrane ; enfin la résistance cède, la fonction s'accomplit et l'organe entre dans le repos.

Dans le second cas, et c'est le plus intéressant, la cavité digestive ne peut se ressaisir en face de l'obstacle créé par l'aliment ; elle se laisse *distendre* peu à peu, à mesure que le travail fonctionnel avance ; nous assistons alors à l'éclosion d'un son de plus en plus intense et de plus en plus grave.

En résumé, tant que l'activité digestive est à la hauteur de sa tâche, c'est la diminution d'intensité qui distingue essentiellement le son fonctionnel du son fondamental ; quand, au contraire, l'obstacle alimentaire est au-dessus de la puissance digestive, la cavité se laisse distendre et donne naissance à un signe objectif très caractéristique : la *résonance fonctionnelle*.

Tel est le fait clinique dans toute sa simplicité.

L'interprétation physique en est aisée : il suffit de remarquer que la distension est un signe de *détresse fonctionnelle* et suppose par conséquent une diminution de tension de la membrane digestive ; d'où une augmentation de l'amplitude des vibrations (en langage technique, un accroissement d'étendue des *plages vibrantes*), et par conséquent une intensité particulière du son fonctionnel.

Au delà d'un certain degré de distension, nous voyons non seulement l'intensité, mais encore la hauteur du son fonctionnel se modifier franchement : la tonalité devient de plus en plus grave. Cette particularité s'explique par l'amincissement progressif et l'accroissement de surface de la paroi digestive ; *le nombre des vibrations, dans l'unité de temps, est en effet en raison directe de l'épaisseur et en raison inverse de la surface des membranes vibrantes.*

Disons immédiatement, en passant, que les notions précédentes, transportées dans le domaine de la clinique, nous permettent de comprendre comment plusieurs segments de la cavité digestive peuvent fonctionner synergiquement tout en présentant des différences de sonorité très nettement appréciables, surtout au point de vue de l'intensité : le segment, qui est aux prises avec la *masse* des aliments, par exemple, n'aura pas la sonorité du segment qui préside au travail d'*absorption*, bien que l'éréthisme fonctionnel évolue parallèlement dans l'un et l'autre.

Cette augmentation de l'intensité du son pendant le travail de la cavité digestive est une particularité de haute importance, qui nous laisse deviner toute la complexité de l'effort fonctionnel proprement dit. A ce propos, il est intéressant de noter que toute autre excitation que celle qui résulte de l'aiguillon alimentaire, quelque exagérée qu'on la suppose, ne peut amener que la *rétraction* de la membrane digestive et une diminution de la sonorité. Seul le contact de l'*aliment* avec cette membrane est de nature à solliciter l'activité de tous ses éléments constitutifs, en faisant naître ce travail complexe d'élaboration qu'est l'acte digestif, et dont l'insuffisance a des aspects multiples. La *distension* de la cavité, il faut bien le savoir, n'est qu'un de ces aspects, que la *résonance* met en relief d'une façon admirable.

A mesure que notre cavité digestive perd de sa vitalité, nous voyons l'aliment susciter de moins en moins les phénomènes de distension et de sonorité exagérées. C'est que l'éréthisme fonctionnel, qui en est la condition nécessaire, va s'affaiblissant ; c'est que l'aliment, perdant son pouvoir éréthogène, se rapproche de plus en plus des substances non alibiles, dont le contact, nous le savons, est à peu près indifférent à la paroi digestive ou tout au moins n'éveille en elle que les forces étrangères à sa destination de *cavité digérante*.

Nous venons de voir que la cavité digestive en fonction se laisse distendre lorsqu'elle ne peut évacuer son contenu dans le temps physiologique. Cette distention momentanée s'objective, nous l'avons dit, par la *résonance* du son fonctionnel et, dans les cas extrêmes, par un abaissement parallèle de sa tonalité. Ces modifications de la sonorité nous dévoilent le caractère hyposthénique de cette phase de l'acte digestif. Toutefois, ce n'est là qu'une faiblesse toute passagère, sorte de défaillance par avortement d'un premier effort ; bientôt la paroi digestive se ressaisit, elle revient sur elle-même et se tend, puis expulse une partie de son contenu. A cet instant, le son se transforme sous la main ; la résonance s'évanouit et est remplacée par un son faible et élevé.

Ce premier effort accompli, la cavité se trouve en face de la masse restante de son contenu, nouvelle charge qui, pour être allégée, n'en est pas moins au-dessus de ses forces partiellement épuisées par ce premier assaut. Une nouvelle distension se produit, moindre que la première, avec des caractères de sonorité semblables, mais atténués, précédant et préparant un second effort évacuateur. Peu à peu, par étapes régulières, marquées chacune au coin d'une faiblesse croissante, notre cavité arrive à se vider de son contenu et, finalement, entre dans la phase du repos qui se révèle, à la Percussion, par le son fondamental, et, à la Palpation, par le retour aux dimensions normales.

Tous ces détails sont nécessaires pour bien faire comprendre la genèse du *tympanisme*, nouvelle manifestation sonore de l'insuffisance fonctionnelle.

*Tympanisme.* — Que la surcharge alimentaire soit par trop disproportionnée avec les forces de notre cavité digestive, la distension, au lieu de se faire lentement, insensiblement, est brusque, pour ainsi dire instantanée, d'emblée poussée à son maximum, c'est-à-dire aux limites extrêmes de la tonicité *actuelle* de la membrane digestive. Il en résulte une sorte de *tétanisation* de la cavité qui reste figée dans sa forme pathologique, incapable de ressaisissement comme de défaillance pendant un certain laps de temps ; c'est, en un mot, l'arrêt complet de tout travail fonctionnel. Alors apparaît le *tympanisme*, c'est-à-dire un son fonctionnel d'un caractère spécial.

Jusqu'à présent nous avons envisagé la cavité digestive comme une simple membrane plus ou moins tendue, plus ou moins vibrante. Avec le *tympanisme*, le problème se pose sous une autre forme. Ce n'est plus seulement une membrane qui vibre, mais encore *une cavité tout entière qui s'est en quelque sorte individualisée par la clôture de ses orifices et la tension extrême de sa paroi*. Cette tension est telle que la plus légère vibration imprimée à un point quelconque de la paroi se propage à la totalité de l'organe, et celui-ci *vibre à l'unisson*, en formant une véritable caisse de résonance. Il en résulte un son plein, prolongé, d'un *éclat musical ;* c'est le *son tympanique*.

Le tympanisme se différencie essentiellement du son ordinaire et de la résonance simple par sa plus grande richesse en harmoniques. L'oreille le distingue aisément, quand une fois elle l'a nettement perçu.

En procédant par analyse, nous trouvons ainsi dans la genèse du son tympanique :

1° Un *son initial simple*, produit par l'ébranlement de la membrane sonore et dont la hauteur est réglée par les lois que nous connaissons ;

2° Des *harmoniques*, qui se surajoutent à ce son initial, le transforment et lui donnent son *éclat* et son *timbre caractéristiques*.

Le timbre du son tympanique est extrêmement variable, on le conçoit, autant que les combinaisons insaisissables des harmoniques qui lui donnent naissance. Pour fixer les idées, nous croyons utile de distinguer, d'après les caractères du timbre, quatre variétés de son tympanique :

Son tympanique aigu.

» » amphorique.

» » bas.

» » caverneux.

Pratiquement, on peut dire que le *timbre* varie avec les dimensions de la caisse de résonance : le tympanisme aigu correspond à la capacité minima et le tympanisme caverneux à la capacité maxima. Mais ce n'est là qu'une des conditions génératrices du timbre, peut-être une des plus contingentes. En tout cas, dans l'état actuel de nos connaissances, notre analyse doit se borner à ces constatations.

**II. — Etude clinique de la sonorité abdominale.**

Toutes les notions acquises jusqu'à présent sont d'ordre général. Nous devons maintenant en faire l'application à chacun des types morbides que la clinique présente à notre observation.

Un premier fait attire l'attention du médecin qui percute un abdomen, c'est la segmentation de l'aire abdominale en plusieurs zones de sonorité différente. C'est ainsi que, notamment, le son de l'épigastre n'est pas celui de la région sous-ombilicale et que celui-ci se distingue du son perçu dans toute la région du flanc droit. Parfois les zones de sonorité différenciée se multiplient davantage et ne paraissent plus en relations avec la topographie anatomique de l'abdomen ; celui-ci semble se résoudre en une véritable agglomération de cavités sonores distinctes ; l'aire abdominale devient une sorte de *mosaïque sonore*.

Le premier souci du clinicien, pour n'être point désorienté, sera d'appliquer à chaque zone sonore les notions générales exposées à propos de la cavité sonore unique. Ce sera le moyen de mettre de l'ordre dans l'observation et d'arriver peu à peu, à l'aide, en outre, de toutes les particularités symptomatiques révélées par les autres modes d'investigation, à un diagnostic aussi précis et aussi simple que les phénomènes de sonorité ont paru de prime abord confus et compliqués.

C'est qu'en effet avec l'observation directe du malade nous pénétrons dans le domaine des réactions spasmodiques engendrées par la maladie, et celles-ci fourmillent dans l'abdomen plus que dans toute autre région. Or la sonorité n'est-elle pas véritablement l'instrument d'exquise délicatesse qui enregistre les moindres oscillations vitales de l'appareil digestif?

En outre, comme la partie est l'image du tout, cette multiplicité des zones sonores abdominales, gros fait objectif à la portée de tout observateur, ne laisse pas que de nous ouvrir dès maintenant un curieux horizon sur l'évolution de l'organisme humain lui-même. Aux deux pôles de la vie, que trouvons-nous? d'une part, la *santé*, qui est l'accomplissement silencieux de toutes les fonctions ; d'autre part, la *déchéance finale*, qui est l'apaisement de toutes les réactions ; dans l'un et l'autre cas, la multiplicité des zones sonores est absente, le ventre forme une cavité sonore unique. Dans l'intervalle (et souvent c'est la vie tout entière), l'organisme doit se défendre contre les causes de mort qui l'entourent : le *damier*, la *mosaïque sonores* de l'abdomen apparaissent, signes objectifs qui précèdent et dominent tous les autres. On peut dire que, pour le médecin, la résistance d'un organisme sain ou malade se reflète admirablement dans la formule de sa sonorité abdominale. Mais c'est là une notion de clinique générale que nous nous contentons de signaler pour le moment; elle va se dégager peu à peu de l'analyse des faits qui doivent être l'objet de cette étude.

L'*Inspection* et la *Palpation* nous ont appris que les malades peuvent généralement se diviser en deux classes bien distinctes : les *Forts* et les *Faibles*.

Nous savons que les Forts *s'adaptent* au milieu ambiant, notamment au milieu nutritif, grâce à l'hypertrophie et à l'hyperplasie de leurs éléments anatomiques, qui créent une sorte de barrière protectrice contre les assauts des agents destructeurs.

Nous avons vu les Faibles résister à la maladie sans l'aide de cet appui matériel, par la seule énergie vitale de leurs éléments cellulaires. C'est là une lutte d'un caractère spécial, sur la nature de laquelle la Percussion est apte à nous donner les renseignements les plus variés et les plus décisifs.

Qu'il s'agisse des Forts ou des Faibles, l'évolution morbide reste la même dans ses traits essentiels. L'organisme vivant, avant d'arriver à l'*Inertie* de la mort, traverse deux périodes distinctes : *Période de résistance*, de lutte active, et *Période de déchéance*, de désorganisation passive.

La première période, chez le Fort, se subdivise en deux phases caractéristiques, d'une succession régulière dans la généralité des cas : *phase d'adaptation*, pendant laquelle l'organisme exubérant neutralise toutes les influences nocives qui peuvent l'assaillir ; *phase de déclin*, pendant laquelle la résistance est insuffisante et entraîne l'affaissement progressif d'un organisme usé par la lutte. La note distinctive du Fort, c'est la régularité dans la *succession* de ces deux phases morbides.

Cette première période, chez le Faible, a des allures moins franches et se subdivise en deux phases d'une délimitation moins claire et moins précise : les phases d'adaptation et de déclin, tout en présentant les mêmes caractères essentiels de résistance et d'affaissement signalés chez le Fort, se succèdent sans aucune régularité ni dans la durée ni dans la gravité ni dans la physionomie symptomatique ; aujourd'hui l'équilibre est parfait, l'organisme vit et fonctionne allègrement ; demain c'est le marasme complet, l'arrêt brusque de toutes les fonctions ou c'est un désordre général à l'occasion du plus insignifiant des actes fonctionnels ; parfois le bien-être est l'état prédominant, les défaillances sont de courte durée ; ou bien, au contraire, la maladie est à demeure et la santé ne répond plus qu'à de très rares et très fugitives accalmies. Un seul trait, en définitive, paraît constant chez le Faible, c'est *l'alternance* des phases d'adaptation et de déclin.

Enfin, après la lutte qui correspond à la première période, l'organisme vaincu entre dans la *période de déchéance*. Le Fort et le Faible ont alors plus d'un trait commun ; l'abdomen du Fort a perdu son aspect proéminent et se différencie peu de celui du Faible, à une inspection superficielle du moins ; l'embonpoint, les couleurs, les reliefs musculaires, la saillie abdominale, tout ce qui constituait la corpulence massive du Fort, ont disparu et l'habitus général du malade est devenu à peu près aussi misérable que celui du Faible envisagé à la même période de la maladie.

La sonorité abdominale est particulièrement instructive pour la délimitation des deux périodes par lesquelles passe l'organisme avant de succomber. Ce sont, on peut le dire, les données de la Percussion qui permettent de marquer définitivement les diverses étapes de l'asthénie digestive évoluant d'une façon chronique. Résumons ces étapes dans le tableau suivant, qui va nous servir de canevas :

1º Période de résistance.

| FORT | FAIBLE |
|---|---|
| Phase d'adaptation ⎫<br>Phase de déclin ⎭ successives. | Phase d'adaptation ⎫<br>Phase de déclin ⎭ alternatives. |

2º Période de déchéance.

Inertie.
État parétique.

Les notions générales exposées plus haut sur la genèse du son fonctionnel vont nous dispenser de parler longuement de la phase d'adaptation. Nous insisterons tout spécialement sur la phase de déclin et sur la période de déchéance, au cours desquelles la sonorité abdominale acquiert véritablement toute son importance comme moyen de diagnostic.

Dans l'étude du déclin, nous nous efforcerons, à l'aide des sons perçus, de bien caractériser ce que nous appelons une *phase digestive*. Nous espérons ainsi compléter d'une façon décisive les enseignements de l'*Inspection* et de la *Palpation*.

Dans l'étude de la déchéance, nous essaierons de mettre en pleine lumière ce que nous entendons par *enchevêtrement des phases digestives*.

A propos de l'Etat parétique qui, dans notre tableau synoptique, caractérise la fin de l'évolution morbide, il est bon de savoir que le malade n'entre jamais d'un bond et sans retour dans cette phase terminale. Les signes de l'Etat parétique peuvent s'observer incidemment au cours de la maladie, longtemps même avant la terminaison, soit à titre de prodromes éloignés de cette terminaison, soit simplement comme indices d'une aggravation toute passagère. C'est là une notion de haute importance au point de vue du pronostic.

Enfin, il est nécessaire de bien savoir que le son fonctionnel subit toutes les fluctuations de l'acte physiologique dont il est le signe objectif. Si le travail digestif est en cours, la sonorité se modifie pendant l'examen, celui-ci ne durât-il que quelques minutes, et ces modifications sont en rapport avec l'évolution de ce travail. Il ne suffit donc pas que le clinicien note tel ou tel son au niveau des diverses régions de l'abdomen pour être en mesure de faire un diagnostic, pour avoir une idée exacte et complète du processus digestif dont il est le témoin ; il faut encore, et c'est un point de pratique de premier ordre, que l'observateur recueille, *dans une Percussion prolongée*, toute une série de notations pour la même région, qu'il compare ces notations entre elles, et de cette comparaison déduise la notion de l'énergie fonctionnelle mise en œuvre par l'appareil en observation.

Rien n'est changeant comme la sonorité abdominale, et le médecin, qui n'est pas rompu à la pratique de la Percussion, se laisse aisément dérouter par des phénomènes d'aspect aussi protéiforme : voilà une région d'où le son paraît absent, le malade fait une inspiration et la même région rend un son aigu ; le son de cet estomac est résonnant et bas, au bout d'un instant il est faible et élevé ; inversement, on trouve à l'épigastre une zone étroite d'un son élevé, bref et faible au début de l'exploration, et voilà qu'à la fin, dans la même région, apparaît une large zone donnant une résonance pleine et basse ; enfin l'épigastre est tympanique et la région sous-ombilicale submate, lorsque tout-à-coup on assiste à une transposition, le ventre est devenu sonore et l'épigastre de son obscur.

Il nous serait facile de multiplier encore les exemples qui prouvent la variabilité du son fonctionnel et justifient le précepte que nous formulions tout à l'heure, à savoir : il est nécessaire de prolonger la Percussion le plus longtemps possible, afin d'englober dans l'observation le plus grand nombre des conditions qui influent sur les qualités du son fonctionnel.

### *A.* — Sonorité abdominale chez le Faible

**Période de résistance.**

*1° Phase d'adaptation*

Pendant la phase d'adaptation, le Faible offre peu d'intérêt pour le médecin, au double point de vue du son fondamental et du son fonctionnel.

Le son fondamental, que l'on peut percevoir soit le matin à jeun, soit trois ou quatre heures après une ingestion alimentaire, présente une intensité décroissante à mesure que l'âge du malade avance, que les épisodes morbides se multiplient, que finalement la *vitalité* digestive s'épuise. Toutefois le son fondamental reste longtemps, chez le Faible, d'intensité notable, en raison de cette particularité déjà signalée, que l'irritabilité vitale est seule à faire les frais de l'adaptation et que cette irritabilité est la véritable source de la sonorité abdominale.

Enfin, avec l'âge, l'usure ne fait qu'affiner la texture anatomique de la membrane digestive et compense ainsi, dans une certaine mesure, la déperdition d'irritabilité vitale. Nous savons, en effet, que le nombre des vibrations, dans l'unité de temps, est proportionnel à l'épaisseur de la membrane, qu'en d'autres termes le son diminue de hauteur à mesure que la membrane s'amincit. Or, on peut admettre que le son, dans certaines limites, est d'autant plus perceptible qu'il est moins élevé.

Pour toutes ces raisons, nous conclurons que, pendant la phase d'adaptation, chez le Faible, le son fondamental diminue d'intensité à mesure que la vitalité digestive s'affaiblit. Mais il se maintient longtemps à un niveau suffisant en raison, d'une part, de la prépondérance native de l'irritabilité vitale, d'autre part, de l'amincissement progressif des membranes digestives.

Quant au son fonctionnel, pendant la phase d'adaptation, il se modifie suivant les lois que nous avons énoncées. En général, il est d'autant plus faible et élevé que le son fondamental est plus intense et bas. Et, si l'on considère une phase digestive isolée, on voit le son fonctionnel atteindre son plein développement dans le moment qui suit immédiatement l'ingestion alimentaire, puis s'atténuer progressivement avec une rapidité d'autant plus grande que l'écart, qui le sépare du son fondamental, est lui-même plus petit, c'està-dire que l'adaptation se fait plus aisément et plus complètement.

Ces quelques données essentielles, concernant la phase d'adaptation, nous paraissent suffisantes pour la caractériser.

Arrivons à la phase de déclin : par la durée, par l'intensité et par la variété des réactions, on peut dire qu'elle est à elle seule presque toute la maladie.

2º *Phase de déclin.*

Si nous récapitulons les enseignements qui nous viennent de la Palpation, nous voyons l'asthénie digestive chronique se caractériser, à un premier degré, par la distension et le bruit de clapotage gastriques, par la forme ampullaire du cœcum et par la sténose spasmodique du colon ; à un second degré, par le flot gastrique et l'affaissement partiel de cette cavité, par le boudin cœcal et par la sténose dure, filiforme du colon.

Ces signes objectifs, également constants chez le Fort et le Faible, se présentent chez le Faible avec une netteté toute particulière. Néanmoins ils nous laissent souvent indécis sur la nature intime du trouble digestif. On a l'impression que la *matérialité*, si l'on peut ainsi dire, de ces constatations objectives se prête mal aux appréciations nuancées, d'où dépend la connaissance exacte du processus digestif. La sonorité est alors une aide précieuse ; c'est grâce à elle que nous pouvons suivre en quelque sorte pas à pas l'évolution des actes digestifs.

Un premier fait, nous l'avons dit, attire l'attention du clinicien, c'est la *segmentation* de l'aire de sonorité abdominale. D'où les expressions de *sonorité en Damier*, de *Damier sonore*, que nous employons couramment pour désigner cet aspect objectif.

En général trois zones se différencient nettement :
*Zone épigastrique ou sous-mammaire gauche,*
*Zone sous-hépatique ou cœcale,*
*Zone sous-ombilicale.*

La *zone épigastrique* ou *sous-mammaire gauche,* qui correspond à la cavité gastrique plus ou moins amplifiée, rend le son le plus intense et le plus bas. La *zone sous-hépatique* ou *cœcale,* qui embrasse toute la région du cœcum et du colon ascendant, est de sonorité moins intense et plus élevée. Enfin, la *zone sous-ombilicale,* qui comprend tout le reste de l'aire abdominale (c'est-à-dire les régions sous-ombilicale proprement dite et iliaque gauche), nous offre la sonorité la plus faible et la tonalité la plus élevée.

C'est ainsi que de prime abord l'oreille du médecin est accaparée par la sonorité particulièrement intense des cavités qui remplissent le rôle de Réservoirs, à savoir l'estomac et le cœcum. Nous aurons à revenir souvent sur cette particularité importante, notamment en étudiant la Période de Déchéance.

Quoi qu'il en soit, la disposition des zones sonores, que nous venons de signaler, est de beaucoup la plus commune, celle qui implique par elle-même le pronostic le moins grave ; c'est le *Damier sonore* de la lutte, celui qui dénote un travail fonctionnel *utile*, quoique laborieux et insuffisant, et que pour cette raison nous désignons sous le nom de *Damier sonore normal*.

Ceci dit sur les caractères généraux du *Damier normal*, pénétrons plus avant et étudions à la fois les variétés de ce damier et successivement chacune des trois zones qui le constituent.

*a)* Premier Degré du Déclin.

*Percussion de l'estomac.* — Avec le contact de l'aliment éclate l'insuffisance de l'éréthisme gastrique, et celle-ci croît à mesure que le bol alimentaire perd ses propriétés éréthogènes et que diminue l'excitabilité de la membrane digestive. En d'autres termes, l'estomac se *distend*, dès que l'arrivée des aliments en sollicite le fonctionnement, et cette distension, qui se traduit, à la Palpation, par le bruit de clapotage, persiste jusqu'à l'expulsion des derniers résidus alimentaires.

La sonorité objective admirablement cet effort laborieux de la cavité gastrique. Dès que le contact des aliments se fait sentir, le son fondamental disparaît ; c'est le son fonctionnel qui le remplace et sous une forme spéciale, véritablement pathognomonique, la *Résonance gastrique*. Celle-ci

va d'abord en s'accusant de plus en plus et atteint rapidement son *apogée*, puis décroit lentement et finalement
s'obscurcit au point de se fondre avec le son fondamental
noté avant l'ingestion des aliments. L'éclat de la *Résonance
gastrique* suit exactement les variations de la distension
cavitaire, sans toutefois lui être proportionné.

Cette phase pathologique dure généralement plusieurs
heures, après lesquelles l'estomac se ressaisit et retrouve
à la fois les dimensions normales et les qualités physiologiques de l'état de repos, c'est-à-dire de vitalité simple. Il
se trouve prêt à recevoir une nouvelle charge alimentaire.

*Percussion du Cœcum.*— Pendant l'évolution du travail
gastrique, que se passe-t-il au niveau du cœcum? Nous
ne reviendrons pas sur la synergie fonctionnelle de tous
les segments de l'appareil digestif; c'est là une notion
physiologique qui nous semble au-dessus de toute contes-
tation et sur laquelle nous avons insisté déjà trop souvent.

Le réservoir cœcal fonctionne donc parallèlement au
réservoir gastrique ; la Palpation nous en fournit la preuve
en nous le montrant gonflé, de forme ampullaire, souvent
gargouillant.

La Percussion confirme et précise les données de la
Palpation : à mesure que le processus digestif avance, la
forme ampullaire du cœcum s'accuse et nous assistons à
la naissance de la *Résonance cœcale*. Toutefois celle-ci est
ordinairement moins franche que la résonance gastrique ;
elle est en outre plus tardive et d'une durée moins prolongée.

En résumé, nous devons retenir ce fait, que *la résonance
cœcale est contemporaine de la résonance gastrique*.

*Percussion de l'Intestin grêle.* — Tout autre est la sonorité
de l'intestin grêle, c'est-à-dire de la région sous-ombilicale. Pendant toute la durée de la résonance gastro-
cœcale, le son fonctionnel sous-ombilical reste faible.

Le contraste entre l'intensité du son des Réservoirs et
l'obscurité du son du Grêle est véritablement frappant.

Quelle en est la signification ? Avec le Grêle, nous avons affaire, non plus à un réservoir, mais à une cavité exclusivement *digérante* qui reçoit le bol alimentaire par fractions successives ; ici la *masse* des ingesta n'entre point en ligne de compte, et, si la fonction digestive du Grêle est irrégulière et imparfaite comme celle des réservoirs, l'insuffisance musculaire n'en est point assez grossière pour entraîner la *distension* du canal et donner naissance au phénomène de la Résonance. L'éréthisme pathologique du Grêle revêt en somme une forme symptomatique diamétralement opposée à celle du réservoir gastro-cœcal : *la sonorité sous-ombilicale est d'autant plus obscure que la résonance gastro-cœcale est plus franche.* C'est ainsi du moins que les choses se passent dans la généralité des cas, au premier degré du déclin digestif.

Cependant il arrive que, *vers la fin de la phase digestive,* chez certains malades, la sonorité de la région sous-ombilicale change tout à coup de caractère : au son faible primitivement perçu succède une résonance rappelant celle des Réservoirs ; en même temps la région épigastrique et parfois la région cœcale deviennent plus ou moins submates. C'est un phénomène d'une observation curieuse que ce balancement entre la sonorité gastro-cœcale, d'une part, et la sonorité sous-ombilicale, de l'autre, au cours d'une même phase digestive ! C'est qu'en réalité le fonctionnement du Grêle n'est pas différent de celui des autres cavités : épuisé par une tâche au-dessus de ses forces, il finit par se laisser distendre et cette distension s'objective par une *résonance* dont l'éclat en donne la mesure approximative.

Enfin la terminaison de la phase digestive, c'est-à-dire l'extinction de tout éréthisme fonctionnel dans l'appareil digestif, est marquée par le retour d'un son fondamental uniforme dans toute la région abdominale.

Une remarque s'impose dès maintenant. Si l'observateur

est assez patient pour faire un examen clinique très pro -
longé, il ne tardera pas à s'apercevoir que les phénomènes
de sonorité, que nous venons d'étudier, n'ont ni la *fixité*
ni la *régularité* que nous leur avons attribuées. C'est ainsi
que la *résonance gastro-cœcale* faiblit, semble s'éteindre
un instant, puis renaît avec tout son éclat; qu'elle subit,
en un mot, des fluctuations nettement perceptibles, *au
cours de la phase digestive*. Dans la région sous-ombilicale, la percussion décèle des fluctuations inverses des
précédentes, correspondant à des ébauches intermittentes
de distension intestinale.

Ces phénomènes, difficiles à saisir quand l'asthénie
digestive est légère, deviennent d'une constatation aisée et
sont d'un intérêt extrême quand cette asthénie a franchi
certaines limites; l'observateur, qui en est le témoin, croit
avoir la *vision directe* des actes physiologiques qui se
déroulent le long du canal alimentaire.

Le colon transverse et le colon descendant, constamment
sténosés, comme nous le savons, forment un étroit cordon
à peu près vide d'air qui ne se révèle par aucun signe de
sonorité. Faisons cette remarque ici une fois pour toutes (1).

Au total, le contact de l'aliment donne naissance à un
son fonctionnel plus faible et plus élevé que le son fondamental sur toute la longueur du tractus gastro-intestinal ;
mais l'estomac et le cœcum doivent à leur rôle de *Réservoirs* une sonorité spéciale, la *résonance*, signe de leur
distension par insuffisance de tonicité musculaire. Cette
propriété, la tonicité musculaire, en quelque sorte prédominante à l'état physiologique du fait de la destination
originelle de ces organes, cède, à l'état pathologique, dans
une mesure suffisante pour créer un signe objectif caractéristique, la *distension*, qui se traduit par une notation
sonore également spécifique, la *résonance*. Au niveau du

---

(1) Dans quelques cas d'*instabilité* digestive extrême, on trouve
cependant une zone de sonorité distincte, qui objective les ondes péristaltiques du transverse et du descendant. Cette constatation est exceptionnelle.

Grêle, cette distension par épuisement de la tonicité musculaire est à peine saisissable; pratiquement, on peut dire qu'elle est absente dans la généralité des faits, ce qui signifie qu'un examen très prolongé et très attentif est seul capable de la mettre en lumière.

C'est ainsi que nous arrivons à la formation du *Damier sonore normal : résonance gastro-cœcale, prédominance de la résonance gastrique sur la résonance cœcale ; sonorité faible de la région sous-ombilicale.*

Remarquons enfin que dans ce Damier normal l'intensité seule est en cause; la hauteur du son reste la même, quel que soit le segment digestif percuté : nouveau caractère qui nous permet de désigner ce damier sous le nom de *Damier normal du 1er type.*

*b)* Deuxième Degré du Déclin.

A ce moment de la maladie, la membrane digestive manifeste de l'indifférence pour l'excitation alimentaire : le travail fonctionnel en devient plus imparfait et plus lent. Les réactions pathologiques sont *tardives*, mais tumultueuses et complexes; d'où une plus grande variété dans les modalités sonores qui traduisent l'acte fonctionnel.

*Percussion de l'estomac.* — L'aliment tombe dans l'estomac comme dans une poche inerte. C'est à peine si, dans certains cas, la *masse* et le *poids* des ingesta augmentant, quelques réactions se manifestent dès la fin du repas, comme indices de réplétion ou d'intolérance, poids, nausées, tiraillements douloureux, etc. En général, l'appétence est faible, la masse alimentaire ingérée toujours peu abondante. Peu à peu l'éréthisme gastrique naît et s'accroît jusqu'à un effort effectif. Enfin, après plusieurs heures d'incomplète élaboration, d'évacuation irrégulière et prématurée, la membrane gastrique, ne trouvant plus dans sa charge alimentaire un aiguillon éréthogène suffisant, cède et se relâche : la *distension* apparaît, d'autant plus rapide et d'autant plus accusée qu'elle est plus tardive.

Elle est également de courte durée. En fin de compte, après une série de brusques contractions, l'estomac, plus ou moins exonéré, rentre peu à peu dans la phase de repos.

Les phénomènes de sonorité diffèrent de ceux que nous avons étudiés au premier degré du déclin par les caractères suivants :

1° Le travail d'élaboration restant au début en quelque sorte latent, nous avons une période *prodromique* pendant laquelle le son fonctionnel se différencie mal du son fondamental ; on le trouve plus élevé, parfois aigu, et d'intensité moindre.

2° La distension stomacale étant très prononcée, la *résonance* est particulièrement intense ; de plus, à mesure que l'éclat de cette résonance augmente, nous assistons inversement à une diminution de la hauteur du son.

En résumé, *son initial faible et élevé, résonance tardive, intense, de tonalité abaissée*, tels sont les traits distinctifs du son fonctionnel de l'estomac arrivé à cette étape de la maladie.

Mais à côté de ce tableau en quelque sorte schématique, que de variétés révélées par l'observation clinique et qui exigent de notre part un supplément de description ! C'est qu'en effet, à ce degré d'asthénie, la fonction digestive perd toute régularité et se laisse aller au gré des influences les plus diverses, souvent les plus contraires.

A défaut d'une analyse complète, dont la difficulté nous paraît insurmontable, présentement du moins, cherchons à dégager quelques traits généraux que le médecin puisse utiliser comme jalons indicateurs et qui lui permettent de s'orienter au milieu des faits innombrables de la pratique quotidienne.

Un premier fait de haute signification, de fréquence très grande, c'est le *tympanisme*. L'estomac en est le siège le plus habituel ; c'est donc ici le lieu de le décrire avec détails.

Nous savons que le son tympanique reconnaît comme condition génératrice essentielle une sorte de *tétanisation* de la cavité digestive qui se transforme en un *bloc rigide* dont toutes les parties vibrent à l'unisson.

Au point de vue clinique, deux cas peuvent se présenter où le tympanisme a toute chance d'apparaître : ou bien l'aliment possède des propriétés éréthogènes essentiellement contraires à l'état actuel de réceptivité physiologique de la membrane digestive ; le contact de cet aliment produit comme une action *stupéfiante*, entraînant *ipso facto* un *arrêt* de l'effort fonctionnel, d'où la tétanisation de la cavité gastrique en état plus ou moins marqué de distension, c'est le *tympanisme précoce* ; ou bien, après une phase de travail sourd, d'activité torpide, l'estomac, soudain épuisé et irritable à l'excès, s'essaie à un brusque mouvement de distension au cours duquel il s'arrête *figé dans sa forme*, c'est le *tympanisme tardif*.

Le premier évolue avec une distension gastrique toujours modérée et peut persister pendant un laps de temps très long (24 et même 36 heures); c'est notamment le tympanisme qui accompagne la migraine, certaines formes de vertige. Le second, en tant que prodrôme de l'effort terminal d'une phase digestive, est d'une durée en général courte (de quelques minutes à 2 ou 3 heures) et souligne les formes extrêmes de la distension gastrique.

Voici un fait qui s'est passé sous nos yeux et que nous croyons capable d'instruire le lecteur :

Quatre heures après le repas de midi, *ton élevé* au niveau de l'épigastre et *ballottement gastrique* ; avec le début des douleurs, l'estomac se distend instantanément jusqu'au voisinage de l'ombilic et donne un *son tympanique*, de *timbre amphorique*. — Renvois avortés, aigreurs. Puis nouvelle distension de l'estomac qui dépasse l'ombilic inférieurement, la ligne médiane à droite, et en haut atteint le mamelon; souffrances très vives et *tympanisme de timbre caverneux; la cavité gastrique fait une saillie extérieure*. — Le malade demande à s'asseoir; aussitôt brusques et bruyants renvois, grand soulagement, distension gastrique moindre, jusqu'au voisinage de l'ombilic ; de nouveau *tympanisme amphorique*. — Peu à peu le timbre amphorique diminue, pour faire place, *sans renvois*, à un son obscur. Le soulagement est complet ; le malade *se sent renaître*. De nouveau, ballottement gastrique, mais avec *son obscur*. Le son sous-ombilical est plus intense qu'au début de l'examen.

La durée d'évolution de tous ces phénomènes a été d'une heure environ.

Voici encore un exemple de *tympanisme tardif*, prodrome de l'effort évacuateur, et de courte durée :

*Résonance* de l'estomac, qui se change en *Tympanisme* sous notre main, avec distension jusqu'à l'ombilic ; en même temps, la région sous-ombilicale devient submate. Puis tout d'un coup le *Tympanisme* disparaît et la sonorité gastrique apparaît faible, de ton élevé ; mêmes caractères au niveau du cœcum. On entend quelques gargouillements intestinaux et la sonorité sous-ombilicale devient *résonnante*. L'estomac est revenu sur lui-même, ne dépasse pas les fausses côtes inférieurement ; le cœcum s'est retracté (1).

Le Tympanisme gastrique comporte une signification clinique précise : *c'est la suspension transitoire de toute activité fonctionnelle, par action d'arrêt ;* c'est notamment la clôture spasmodique des orifices de l'estomac.

(1) A propos de ces nuances de sonorité, qui permettent de saisir les moindres variations de la cavité digestive, estomac ou grêle, nous ne pouvons nous défendre de rapporter un fait curieux et instructif. Au récit du malade (car il ne s'agit que de phénomènes *subjectifs*), les choses prennent un tel relief que le médecin est tenté de traduire par un son chacune des sensations éprouvées par le patient :

*a)* Deux heures après le repas, léger *serrement* (*Tympanisme élevé*) dans la région xiphoïdienne ; ce serrement augmente peu à peu, puis cesse tout à coup remplacé par un *grand vide* (*Résonance basse)* avec besoin de prendre.

*b)* Si le malade ne mange pas de suite, survient une violente *crampe d'estomac* (*Tympanisme amphorique*) qui disparaît à la première bouchée.

*c)* S'il ne mange pas, cette crampe cède, mais plus tardivement et laisse un *vide plus grand* encore (*Résonance caverneuse*) en même temps qu'un *anéantissement total* des forces avec impossibilité de se tenir debout.

*d)* Dès qu'il mange, il est *rassasié instantanément* (*Son élevé, faible*), comme s'il s'agissait « d'un petit trou que la première bouchée suffit à remplir. »

Au bout de 2 heures, même cycle de sensations.

A ce titre le tympanisme est un signe objectif précieux, dont le clinicien ne saurait se désintéresser.

Chez le Faible, c'est le *tympanisme précoce* que l'on observe le plus fréquemment, en vertu de l'excitabilité particulière de la membrane digestive, qui est un terrain favorable à l'éclosion de toutes les réactions extrêmes et soudaines.

A côté du tympanisme, nous devons étudier, comme signe du 2<sup>e</sup> degré de l'asthénie digestive chronique chez le Faible, la *variabilité du son fonctionnel*, soit avec les mouvements respiratoires du malade, soit avec le degré de pression manuelle exercée par l'observateur.

Il arrive communément qu'après avoir trouvé le flot stomacal et un son obscur dans toute la zone épigastrique, le clinicien est étonné de percevoir, pendant que le malade fait une grande inspiration, toute une gamme ascendante et descendante, la note la plus élevée correspondant à l'apogée de l'inspiration et la note la plus basse au repos respiratoire. Rien ne reproduit mieux l'impression auditive donnée par la gamme ascendante qu'une *bouteille qui se remplit* : à mesure que le liquide chasse l'air, la masse gazeuze vibrante, plus petite et sous une tension plus forte, donne un son de plus en plus élevé jusqu'à la note aiguë extrême, indiquant que le liquide va déborder. Dans le cas qui nous occupe, c'est la tension de la membrane vibrante qui augmente avec l'inspiration, et voici comment on peut le concevoir : il s'agit d'une cavité gastrique plus ou moins affaissée, dont l'éréthisme fonctionnel est à peine ébauché ; la paroi, plus ou moins flottante, toujours faiblement tendue, est incapable de résister à une compression même modérée, et par conséquent de fournir un point d'appui au muscle diaphragmatique ; l'estomac, en définitive, est comparable à un *ballon dégonflé* dont la forme varie au gré des influences extérieures. Or, dans le décubitus horizontal, il affecte une forme aplatie dans le sens antéro-postérieur, le liquide résidual reposant sur la paroi postérieure qui forme cupule; et la paroi antérieure percutée, se trouvant sans tension, vibre faiblement et rend un son obscur. Mais que le malade fasse une grande inspiration, nous voyons l'estomac, comprimé en haut par le diaphragme, retenu en bas par la masse splanchnique, s'aplatir dans le sens vertical; sa paroi antérieure se tend progressivement et devient capable de vibrer, mais en même temps la partie vibrante de cette paroi va se rétrécissant à mesure que la cavité change de forme. Dans la forme primitive, la main percutante ébranlait une grande surface; dans la forme nouvelle, elle ébranle une tranche de membrane d'étendue de plus en plus réduite et de tension de plus en plus forte; d'où un son qui s'élève progressivement pour atteindre une note aiguë à la fin de l'inspiration et inversement faiblit pendant l'expiration jusqu'au son grave ou obscur du repos respiratoire.

Nous avons dit que la cavité gastrique se trouvait comprimée en haut par le diaphragme et en bas par la masse splanchnique. L'obstacle, qui s'oppose à la *descente* de l'estomac, n'est autre, en définitive, que la *tension abdominale*. Or celle-ci, dans l'abdomen inférieur, n'est pas différente de ce qu'elle est dans l'abdomen supérieur, c'est-à-dire, dans le cas particulier, très diminuée et par conséquent incapable de s'opposer longtemps à la descente de l'estomac. D'où il suit que les modification de forme et de tension de l'estomac, sous la pression du diaphragme, ne constituent qu'un phénomène tout à fait fugitif. Il suffit en effet que le sujet suspende un instant ses mouvements respiratoires en *inspiration forcée* pour voir aussitôt soit le son gastrique redevenir obscur, soit tout au moins la note la plus élevée remplacée par une note franchement plus basse.

Dans le même ordre de faits, il arrive qu'en percutant *très légèrement* la région épigastrique, on obtient un son de faible intensité, mais de tonalité très élevée; si l'on percule la même région en appuyant de la main gauche comme pour écraser la cavité sous-jacente, le son disparaît, on a de la *submatité*. C'est là un phénomène très fréquent, d'une observation courante en clinique digestive et dont l'explication se déduit aisément des notions précédemment exposées : la percussion très légère, *superficielle*, n'ébranle qu'un point limité de la paroi gastrique, d'où un son faible et élevé traduisant de façon exquise l'*ébauche* de travail fonctionnel dont cette membrane est le siège ; l'*écrasement* met la main en contact avec une large surface, les vibrations produites cessent d'être perçues par excès d'amplitude et toute sonorité s'efface.

En dehors de l'influence exercée par les mouvements respiratoires et par la pression manuelle, la sonorité gastrique peut subir, au cours d'une même exploration, les modifications les plus imprévues en raison de *l'instabilité fonctionnelle* créée par la maladie. A ce moment pathologique, en effet, la phase digestive a perdu toute évolution régulière : l'éréthisme s'éteint, renaît, s'atténue ou s'exacerbe sous les influences les plus légères et les plus diverses, d'ordre alimentaire, mécanique, atmosphérique, moral, intellectuel, etc. ; c'est une fonction en désarroi. Toutefois, cette grande mobilité phénoménale, toute déconcertante à la surface, repose sur un fond exclusif de faiblesse simple, d'*asthénie*, que l'hygiène la plus élémentaire est capable d'atténuer et même souvent de faire disparaître ; c'est le désordre, ce n'est pas la désorganisation. Et, ce qui le prouve, c'est que de semblables malades, livrés à eux-mêmes, peuvent se ressaisir avec une rapidité surprenante. Ils retombent, il est vrai, au moindre écart ; mais, à travers ces alternatives sans nombre de rechutes et de relèvements, ils ne laissent pas que d'atteindre un âge parfois fort avancé.

Quoi qu'il en soit, la mobilité des phénomènes objectifs ne nous empêche point de saisir pour ainsi dire au passage quelques signes de sonorité, dont la signification et la con-

stance s'imposent à l'attention du clinicien. Il n'est pas rare,
au début d'une exploration abdominale, de constater que
l'estomac non distendu rend un son faible, aigu, de timbre
*aigre*; au bout de quelques minutes de repos, le son prend
les caractères de la résonance, devient plus moelleux,
très différent du premier qui ne reparaît pas d'ailleurs tant
que dure l'examen dans la position horizontale. La station
verticale trop prolongée apparaît comme la condition génératrice exclusive de ce son gastrique bien spécial; il
semble que, dans ce cas, la poche gastrique, presque sans
tension propre, insuffisamment soutenue par les anses digestives qui l'environnent, se tende mécaniquement par l'effet
de la pesanteur qui l'entraîne vers la région la plus déclive
de la cavité abdominale. Cette tension purement mécanique de la membrane digestive équivaut à une suspension
de tout travail utile : les malades faibles savent combien
la station debout et la marche sont funestes à leur digestion;
ils savent aussi que le repos au lit amène une sédation remarquable de tous les malaises et exerce sur la digestion
une influence manifestement favorable. La sonorité ne
vient-elle pas de nous donner la raison de semblables faits?
Le *son aigu* est, nous le savons, le signe de la fonction à sa
puissance minima; la résonance, amenée par le repos, indique le jeu plus libre de notre cavité gastrique, le ressaisissement de la fonction.

Cette influence de la station verticale sur le fonctionnement d'un appareil digestif de faible tonicité sera plus
longuement traitée au chapitre de l'Étiologie, dans la
deuxième partie de cet ouvrage. Ici nous nous contenterons d'insister sur une particularité objective dans la
genèse de laquelle la pesanteur nous semble avoir une
part évidente, la *Bitonalité gastrique*.

La percussion de la région gastrique révèle deux zones
de sonorité très distincte : une zone supérieure sous-
mammaire, ne dépassant pas le rebord costal en bas, de

ton élevé, souvent aigu, variant ordinairement avec les mouvements respiratoires ; une zone inférieure para-ombilicale, immédiatement sous-jacente à la précédente, de sonorité résonante ou non, mais toujours intense et de ton bas. ou grave, d'étendue variable suivant le moment de la phase digestive où se pratique l'exploration. La succussion dénote l'existence d'un flot exactement limité à cette zone inférieure gastrique. La sonorité, corroborée par la constatation du flot, ne laisse ainsi aucun doute sur la division de l'estomac en deux poches de tension et de capacité différentes. Le son élevé, aigu, de la poche supérieure indique cette tension de cause mécanique dont nous venons de parler ; le son plus intense et plus bas de la poche inférieure dénote l'éréthisme fonctionnel d'une cavité digérante. En définitive la *Bitonalité gastrique* est le signe révélateur de l'*Estomac biloculaire*.

L'état anatomique, constitué par la segmentation du ventricule gastrique, coexiste généralement avec un changement de situation du viscère dont la région prépylorique est abaissée jusqu'au voisinage de l'ombilic, de telle sorte que le grand axe de sa cavité tend à devenir vertical. L'estomac se trouve ainsi tout entier logé dans l'hypocondre gauche et ne dépasse pas la ligne médiane à droite.

Comment comprendre cette anomalie morphologique, la *Biloculation de l'estomac* ?

Avec l'inertie croissante de l'appareil digestif, il arrive pour l'estomac et pour toute la masse intestinale ce que nous avons signalé pour les viscères pleins, comme le foie et les reins, c'est qu'ils obéissent de plus en plus à l'influence de la pesanteur. Et alors que se passe-t-il au niveau de l'estomac? La masse alimentaire s'accumule dans la région prépylorique, c'est-à-dire dans le point le plus déclive de la cavité gastrique ; là se concentrent tous les efforts de la fonction. Le reste de la cavité, se trouvant privé du contact de l'aliment, devient peu à peu un simple

lieu de passage, une sorte de prolongement renflé du tube
œsophagien, qui s'isole de plus en plus de la véritable
cavité digérante ; et, avec le temps, cette segmentation de
l'estomac, d'abord purement fonctionnelle, devient véritablement anatomique et entraîne une déformation définitive
du viscère.

La portion précardiaque reste déchue de ses prérogatives
physiologiques, et, pendant la fonction, se laisse tendre
proportionnellement au poids de la poche digérante qui lui
fait suite et à la faiblesse de la tension intestinale qui fait
contre-poids au ventricule gastrique ; d'où le son *élevé* ou
*aigu* perçu au niveau de la zone sous-mammaire. D'autre
part, la portion prépylorique va s'abaissant au fur et à
mesure que la maladie progresse, c'est-à-dire que la vitalité digestive s'épuise et laisse le champ plus libre aux
influences purement mécaniques. C'est ainsi que se con-
somme la *verticalité* de l'estomac. Toutefois la membrane
digérante garde ses réactions propres, quel que soit l'aspect
morphologique de la nouvelle cavité, et nous retrouvons
dans la poche prépylorique les mêmes qualités de son que
nous avons appris à connaître en étudiant l'estomac de
forme normale.

Tant que la Biloculation est purement fonctionnelle, la
Bitonalité gastrique est susceptible de disparaître par le
repos horizontal, et les cas où l'on voit cette bitonalité
disparaître, après quelques minutes d'exploration, sont
assez communs. Toutefois la règle générale nous paraît
être la persistance du double ton gastrique, quelle que soit
l'attitude du sujet.

Il est bon d'ajouter qu'à cette période de la maladie on
trouve parallèlement tous les signes de la dislocation et
du prolapsus des viscères abdominaux : abaissement des
reins et du foie dans la station verticale, avec absence de
mobilité respiratoire dans la position horizontale, colon
flottant, transverse au-dessous de l'ombilic, etc.

Une particularité, signalée plus haut, exige un mot d'explication : c'est, dans certains cas, l'effacement de la zone de tonalité aiguë sous-mammaire par l'inspiration forcée. On comprend, sans qu'il soit besoin d'insister, que la compression exercée par le diaphragme sur la masse splanchnique puisse, en augmentant la *Tension abdominale*, diminuer l'effort mécanique de la poche précardiaque et en obscurcir momentanément la tonalité propre.

Un exemple clinique de *Bitonalité gastrique* va nous permettre enfin d'achever cette démonstration :

Au moment de l'examen (3 h. 1/2 du soir, le dîner a pris fin à midi), souffrances très vives de l'estomac, localisées par la malade à l'épigastre et au pourtour de l'ombilic.

*Son aigu* au niveau de la zone sous-mammaire gauche. Plus bas *Tympanisme grave*, se percevant jusqu'à deux travers de doigts au-dessous de l'ombilic dans le sens vertical et ne dépassant pas la ligne médiane à droite ; le clapotage et le flot, très aisément perçus dans la même région, confirment les données de la percussion. Résonance du Grêle, de plus faible intensité que la résonance cœcale. La région iliaque droite est le point de l'abdomen où l'intensité du son est maxima.

Après vingt minutes d'examen, nous assistons tout à coup au retrait de l'estomac ; sa limite inférieure est maintenant un peu *au-dessus* de l'ombilic. En même temps, nous demandons à le malade si elle souffre toujours ; « justement, j'allais vous dire que je ne souffre pour ainsi dire plus », nous répond-elle. On peut malaxer maintenant la région que tout à l'heure il ne fallait qu'effleurer, tant elle était douloureuse. A l'épigastre le *Tympanisme* a disparu. On ne perçoit plus qu'un son *faible* et *élevé*, d'ailleurs variable, parfois de même ton que le *son sous-mammaire* qui a cessé d'être aigu, mais reste élevé. En somme le son tend à *s'uniformiser* dans la cavité gastrique depuis qu'elle s'est ressaisie.

Dans l'abdomen inférieur, le son a augmenté d'intensité, de telle sorte que toute différence a disparu entre la sonorité du Grêle et celle du Cæcum.

Après un nouveau quart d'heure de repos, pas de changement notable : résonance basse dans tout l'abdomen inférieur ; double ton gastrique, avec zone sous-mammaire de ton aigu et zone inférieure, où siègent le clapotage et le flot, de ton élevé.

Si maintenant nous récapitulons les signes *inconstants* de sonorité, qui peuvent apparaître au cours du 2ᵉ degré de l'asthénie gastrique, nous avons :

*a)* Le tympanisme précoce ou tardif.

*b)* La variabilité du son. { par les mouvements respiratoires, par l'écrasement manuel, par les changements d'attitude.

*c)* La bitonalité gastrique.


L'étude de l'estomac nous a montré cette phase de la maladie particulièrement féconde en signes de sonorité : complétons notre investigation par l'examen des deux cavités restantes, le cœcum et l'intestin grêle.

*Percussion du cœcum*. — Comme dans le premier degré du déclin digestif, la sonorité cœcale reste en général différenciée de celle des autres cavités pendant tout le cours de la phase digestive. C'est dire qu'on se trouve en présence du type de sonorité que nous avons décrit sous le nom de *Damier normal*, et cela tant que la phase digestive évolue régulièrement. Mais cette régularité est un fait rare chez toute une catégorie de malades faibles et excitables, dont l'instabilité digestive est caractéristique. La sonorité cœcale présente, en ce cas, quelques traits distinctifs qu'il est nécessaire de connaître :

*a)* La résonance cœcale l'emporte sur la résonance gastrique.

*b)* Les variations du son cœcal cessent d'être parallèles à celles du son gastrique.

*c)* Enfin, dans certains cas d'instabilité digestive très accusée, nous voyons la sonorité cœcale, à l'instar de la sonorité gastrique, traduire cette instabilité par une série de variations d'intensité et de hauteur qui naissent et meurent sous l'oreille de l'observateur.

En somme, à mesure que l'asthénie augmente, le *bloc sonore*, formé par le réservoir gastro-cœcal, se désagrège : le cœcum tend à s'individualiser.

Enfin, le tympanisme cœcal est assez fréquent, cependant plus rare et moins franc que le tympanisme gastrique.

*Percussion du Grêle.* — C'est bien à cette phase de la maladie que la sonorité du Grêle nous offre les enseignements les plus divers et les plus intéressants.

Pour revenir au point de départ, nous savons qu'au premier degré du déclin, l'estomac se distend progressivement à mesure que le travail digestif évolue, et présente parallèlement une résonance croissante qui donne la mesure de cette distension. Nous savons que, pendant la plus grande partie de ce travail gastrique, la cavité cœcale affecte une forme ampullaire, s'objectivant à la percussion par une résonance de moindre intensité, mais de même ton que celle de l'estomac. Nous savons enfin que la sonorité du grêle, quoique plus faible, est de même tonalité que celle des cavités gastrique et cœcale. Tels sont les traits distinctifs d'un premier type de Damier normal.

Un deuxième type de *Damier normal* mérite d'être connu, c'est celui dans lequel les cavités principales de l'appareil digestif présentent une tonalité différente : basse pour l'estomac, moyenne pour le cœcum, et élevée pour le Grêle. Ce deuxième type de Damier normal ne se différencie du premier type que par la *tonalité*, que l'on trouve décroissante si l'on percute successivement la région sousombilicale, le flanc droit et l'épigastre.

C'est ce type de damier sonore qu'on observe le plus communément au deuxième degré du déclin. On en comprend aisément la pathogénie : avec l'aggravation de la maladie, un instant toutes les réactions pathologiques deviennent plus vives ; on peut dire que la maladie gagne ce que perd la fonction ; et si l'élaboration digestive est plus courte et plus incomplète, elle s'accompagne en revanche de troubles plus nombreux et plus francs. C'est alors que les divers segments du tube digestif, tout en fonctionnant synergiquement, réagissent en quelque sorte individuellement, dans une mesure variable avec leur destination physiologique : la distension de l'estomac, poussée à ses limites extrêmes, modifie non seulement l'intensité, mais encore la hauteur du son fonctionnel ; moins franche, la distension cœcale n'arrive pas à diminuer la hauteur du son dans les mêmes proportions. Quant au Grêle, il rend un son d'autant plus élevé, que le son fondamental était plus bas.

Lorsque le Damier sonore affecte la forme que nous venons de décrire, il devient d'une *variabilité* particulièrement instructive. En effet, si l'observateur prolonge son exploration, il ne tarde pas à être témoin de ce curieux balancement entre la sonorité gastrique et la sonorité intestinale, que nous avons signalé dans notre étude sur le premier degré du déclin : l'estomac résonne, est distendu, tout à coup le son gastrique devient obscur et la distension disparaît ; tout à l'heure le Grêle donnait un son simple, maintenant il est le siège d'une résonance qui rappelle celle de l'épigastre au début de l'exploration ; et c'est à ce moment (nous l'avons observé dans un cas d'éventration) que les anses du Grêle, paraissant animées de mouvements de reptation, sont le siège en réalité d'un péristaltisme *amplifié*, fait d'ondes successives de dilatation et de resserrement qui procèdent de gauche à droite. Ce péristaltisme intestinal, grossièrement objectivé dans ses ondes de dilatation par l'exagération de la sonorité, rappelle le péristaltisme gastrique auquel il vient de succéder ; et l'observation simultanée de l'estomac et de l'intestin nous laisse l'impression très nette d'une série d'ondes péristaltiques, *amplifiées par la maladie*, débutant à l'estomac et parcourant successivement toutes les anses de l'intestin grêle. Chaque série suit d'ailleurs invariablement le même trajet descendant et se révèle par les mêmes signes précis et décisifs de sonorité abdominale.

Mais peu à peu ce balancement entre la sonorité gastrique et la sonorité intestinale, dont nous venons de trouver la raison dernière *dans le péristaltisme gastro-intestinal*, devient plus rare et moins aisé à percevoir : les ondes de dilatation se différencient de moins en moins, par l'amplitude, des ondes de resserrement et la sonorité *tend* à s'égaliser, au niveau des deux régions épigastrique et sous-ombilicale, en décroissant progressivement jusqu'au moment où l'abdomen tout entier rend le même son faible et bas qui est le son fondamental et le signe du silence fonctionnel.

Pour résumer toutes les notions précédentes, nous dirons : au cours d'une phase digestive pathologique, avec l'épuisement de l'éréthisme fonctionnel, le péristaltisme gastrique s'amplifie toujours dans une mesure suffisante pour que les ondes de dilatation et de retrait soient saisissables à la percussion, *quel que soit le degré de l'asthénie fondamentale;* le péristaltisme intestinal, au contraire, ne s'amplifie et partant ne s'objective à la percussion que lorsque l'asthénie est avancée et voisine du moment où l'acte d'élaboration digestive va, pour ainsi dire, cesser d'être une réalité.

Nous sommes ainsi amené tout naturellement à parler d'une dernière variété de damier sonore, le *Damier inverse* que nous opposons au *Damier normal*.

La pratique montre toute une catégorie de malades chez lesquels on trouve constamment une région sous-ombilicale offrant de la *résonance* avec tonalité basse ou grave, tandis que le son épigastrique est faible et de tonalité élevée. Quant à la région cœcale, ou bien elle ne se différencie pas de la zone sous-ombilicale, ou bien elle est à l'unisson de la zone épigastrique et rend un son faible, de tonalité plus ou moins élevée. Le fait clinique vraiment caractéristique, c'est *l'inversion des sonorités épigastrique et sous-ombilicale.* Le contraste est d'autant plus frappant que le son élevé et faible correspond à une grande cavité, l'estomac, et que le son intense et bas est rendu par une cavité de calibre étroit, l'intestin grêle.

Il est aisé, avec les développements qui précèdent, de pressentir la raison de cette anomalie de la sonorité abdominale. L'excitabilité de faiblesse, à laquelle nous faisions appel pour expliquer le deuxième type de Damier normal, s'est accrue avec les progrès de l'asthénie; en même temps, le travail digestif est devenu plus imparfait et plus sommaire. Il en résulte une double conséquence : l'onde de dilatation de l'estomac, qui traduit essentiellement l'élaboration digestive, est d'une durée très courte, en quelque sorte insaisissable, et promptement remplacée par la rétraction de la paroi gastrique, d'origine plus ou moins mécanique, engendrée par la masse et le poids du bol alimentaire, de là le son élevé épigastrique du Damier inverse; d'autre part, les ondes de dilatation intestinale apparaissent prédominantes au double point de vue de leur durée et de l'intensité du son qui les objective, ce qui se conçoit aisément, si l'on réfléchit que le péristaltisme intestinal est amplifié pendant la phase digestive *tout entière* et non plus seulement à la fin de cette phase, comme dans les cas de Damier normal (1er et 2e types).

Cependant il faut bien savoir que le *Damier inverse*, quelque caractéristique qu'on le suppose, ne marque encore qu'un moment de la phase digestive. L'observation attentive et prolongée montre, par intervalles, très courts, il est vrai, un Damier normal, c'est-à-dire un rapport physiologique des sonorités épigastrique et sous-ombilicale. Et si, dans le Damier normal, on peut saisir *à la fin de la phase digestive* des moments d'inversion des sonorités épigastrique et sous-ombilicale, dans le Damier inverse, c'est *au début de la phase digestive* que le rapport physiologique des sons peut apparaître, alors que l'éréthisme est à son maximum, que, d'une part, l'estomac remplit son double rôle physiologique de cavité-réservoir et de

membrane digérante, que, d'autre part, le Grêle est encore
à la hauteur de sa fonction.

Avant de terminer cette étude de la sonorité intestinale,
nous devons dire un mot d'un phénomène acoustique qui,
pour être banal, n'est pas dépourvu cependant d'une signification intéressante : nous voulons parler des bruits de
*glougou*, de *gargouillement* qui naissent spontanément, soit
dans l'estomac, soit dans l'intestin. Tantôt, chez les Faibles
surtout, ils sont pour ainsi dire de tous les jours et n'attirent plus l'attention du malade ; tantôt, chez les Forts,
ils apparaissent *à un moment donné de la vie*, frappant
l'esprit du malade qui en garde un souvenir précis et ne
manque pas de les signaler au médecin.

Ces bruits ont un timbre plus ou moins métallique et
éclatent sous la forme d'une bulle unique ou d'une série
de bulles s'égrenant en cascade.

Ils résultent évidemment d'un conflit de gaz et de liquides. Mais pourquoi ce conflit ? Quelles conditions peuvent
le provoquer dans la cavité digestive ?

La clinique va nous éclairer très simplement.

Voici un malade qui, tout à coup, loin du repas, perçoit un
bruit de glouglou stomacal et, en même temps, éprouve une
légère crampe épigastrique.

En voici un autre pendant l'examen duquel nous entendons
un bruit de gargouillement intestinal ; séance tenante, nous
constatons que la submatité sous-ombilicale est remplacée par
une sonorité franche.

Ces deux faits nous montrent à l'évidence que ces bruits
prennent naissance au moment précis où la membrane
digestive cède, où la cavité se distend, où se produit en un
mot l'onde de dilatation amplifiée que nous avons appris à
connaître ; il se passe là vraisemblablement un phénomène
de brusque décompression qui engendre le conflit hydroaé-
rique, source du bruit perçu.

A certains moments d'atonie digestive passagèrement

accrue sous une influence accidentelle, rien n'est commun et souvent gênant comme ces *cris du ventre* qui persistent opiniâtrément pendant des heures entières.


*B*. — Sonorité abdominale chez le Fort

### Période de Résistance.

Nous savons qu'à l'état normal la membrane digestive du Fort est formée d'éléments anatomiques de charpente grossière et de faible irritabilité vitale, double condition défavorable à la naissance des vibrations sonores.

Pendant toute la phase de compensation, à l'état de maladie, cet état anatomo-physiologique ne fait que s'accentuer, entraînant parallèlement une obscurité progressive de la sonorité abdominale.

C'est ainsi que s'explique ce fait clinique, d'allure paradoxale, que *les gros ventres sonnent peu*.

Le gros ventre forme une masse épaisse et dense qui vibre obscurément; et, de prime abord, on est tenté de considérer la Percussion, dans le cas particulier, comme un procédé d'exploration d'une valeur secondaire. Cependant l'expérience ne ratifie pas ce jugement. Nous allons nous en convaincre en étudiant un double aspect de la pathologie du Fort, que la Percussion éclaire d'un jour complet et véritablement imprévu.

1° Deux éléments doivent entrer en ligne de compte pour expliquer l'hypermégalie abdominale : l'élément *hypertrophie* et l'élément *dilatation*. Autrement dit, la compensation digestive réside à la fois dans la dilatation du canal alimentaire et dans l'épaississement de ses parois. Toutefois la caractéristique du processus compensateur est à proprement parler l'*hypertrophie* des éléments anatomiques. La dilatation, qui en résulte, est toujours modérée et n'entraîne qu'une exubérance abdominale limitée, en harmonie avec la puissance matérielle de tout le corps. Si la dilatation est excessive, c'est que l'équilibre compensateur est rompu, et une saillie anormale de l'abdomen est toujours un signe d'*insuffisance* gastro-intestinale. En définitive, ce n'est point dans les ventres les plus volumineux que nous devons chercher l'*idéal* de l'adaptation, comme la théorie semble l'indiquer. Le contraste entre une saillie exagérée de l'abdomen et une gracilité relative du squelette et des masses musculaires indique à coup sûr un ventre fragile, fait de dilatation plus que d'hypertrophie.

Si la compensation régulière étouffe les vibrations sonores, en revanche la Percussion reprend ses droits avec la dilatation du tube digestif, c'est-à-dire avec l'amincissement de ses parois, et nous suggère naturellement une subdivision des gros ventres en deux catégories, les *gros ventres qui sonnent* et les *gros ventres qui ne sonnent pas*.

2° Si, au cours de la compensation, le ventre du Fort reste submat, c'est, nous le savons, que l'élément anatomique est épaissi, empâté, et que l'irritabilité vitale est comme *ensevelie* sous la masse protoplasmique. Mais avec le déclin, c'est-à-dire avec la régression atrophique de cet élément, nous assistons peu à peu à une sorte de « mise en liberté » de l'irritabilité vitale restante qui, à un moment donné, se montre *exaltée* et donne lieu à toute une série de désordres dont la *soudaineté* et l'*étrangeté* viennent déconcerter l'observateur. Parallèlement au réveil de l'irritabilité vitale, les modulations sonores de l'abdomen naissent et se multiplient au point de fournir un équivalent objectif à chacune des manifestations morbides.

C'est ainsi que la Percussion, longtemps inféconde chez le Fort, devient à une certaine phase de la maladie, un procédé d'examen nécessaire, nous dirons plus, une source de découvertes imprévues, toujours intéressantes, souvent d'une valeur sémiologique décisive.

### 1° *Phase d'adaptation.*

La Percussion révèle constamment, chez le Fort, au cours de la compensation, un son fondamental obscur et bas.

C'est là un fait intéressant, si nous l'opposons à la sonorité plus franche du ventre faible, à la même phase de la maladie, et qui nous dévoile le peu de résistance vitale d'un appareil d'ailleurs imposant.

Le son fonctionnel répond à son origine; il est plus élevé et plus faible encore que le son fondamental. Le ventre du Fort en état de digestion, à la phase de compensation, rend donc un son voisin de la submatité dans toute son étendue. Des nuances seulement peuvent révéler à une oreille exercée les limites des diverses cavités, pendant l'évolution du processus fonctionnel.

Cette obscurité du son abdominal, chez le Fort, à la phase de compensation, est de nature à frapper l'attention des observateurs, et ne peut manquer de susciter quelques interprétations contradictoires. Il en est une qui vient naturellement à l'esprit, c'est la suivante : la paroi abdominale, doublée d'un épais panicule adipeux sous-cutané, ne serait-elle pas un obstacle, soit à la naissance, soit à la propagation des ondes sonores de la membrane digestive ?

La clinique nous apprend que la dégénérescence graisseuse des tissus ne prend naissance qu'avec le déclin de la compensation. Une paroi abdominale très infiltrée de graisse recouvre toujours une masse gastro-intestinale en voie d'affaissement. Ce fait apparaît clairement à l'observateur qui s'applique à soulever cette paroi, en la saisissant à pleines mains comme pour l'isoler des anses digestives sous-jacentes; celles-ci forment alors une masse extrêmement réduite, et, dans certains cas, il semble que le *soulèvement* d'ailleurs facile de cette paroi *vide*, pour ainsi dire, la cavité de tout son contenu. Au contraire, pendant la phase véritablement compensatrice, alors que les anses digestives turgescentes et dilatées se tassent les unes contre les autres en formant une masse arrondie, élastique et rénitente, la paroi, tendue sur le contenu abdominal se laisse difficilement soulever et présente en outre une épaisseur nullement exagérée.

Enfin, dernier fait caractéristique, rien n'est curieux comme la variété des modulations sonores à la Percussion de l'abdomen en voie d'effondrement, dont la paroi n'est plus qu'une masse graisseuse informe, sans tension, sans élasticité propres.

Souvent, dans ce cas, la Palpation est difficile et de valeur sémiologique presque nulle, tandis que la Percussion nous fournit les principaux éléments du diagnostic.

En résumé, l'expérience nous enseigne un double fait : l'infiltration graisseuse de la paroi abdominale ne constitue qu'un obstacle négligeable à la genèse des vibrations sonores de la membrane digestive ; elle n'apparaît d'ailleurs qu'avec l'effondrement du ventre, c'est-à-dire au moment où ces vibrations présentent un maximum de richesse et d'intensité.

### 2° *Phase de Déclin.*

a) *Premier Degré du Déclin.* — L'Inspection nous a montré, comme premier signe de déclin, chez le Fort, la variabilité de forme et de volume du ventre. Ce n'est point là une notion de valeur absolue. Parfois, en effet, après une courte période de compensation vraie, l'insuffisance digestive apparaît sous forme d'une dilatation du tractus gastro-intestinal ; le ventre acquiert assez vite une ampleur exagérée. La paroi abdominale, tendue outre mesure, *immobilise* alors les anses digestives, de telle sorte que le ventre garde, dans toutes les attitudes, une forme et un volume constants. Dans ce cas, l'insuffisance digestive cesse de se révéler à l'Inspection. Par contre, la

Percussion nous dévoile la nature réelle des phénomènes
en évolution : elle dénote une *segmentation très apparente de l'aire de sonorité abdominale;* le premier type
de Damier normal se dessine nettement, avec la résonance différente des deux Réservoirs et la faible sonorité
du Grêle.

Il est utile de savoir que cette sonorité du tube digestif
en voie de dilatation par insuffisance compensatrice revêt
une forme spéciale : la résonance est toujours discrète et
le son sous-ombilical garde constamment un certain degré
d'intensité, comme si la membrane digestive, *plus ou
moins forcée,* avait perdu son pouvoir d'expansion aussi
bien dans le sens du relâchement que dans celui du
resserrement. En un mot, l'amplitude des mouvements
péristaltiques est d'autant plus faible que la dilatation
permanente est plus accusée, et les modulations du son
fonctionnel d'une pauvreté d'autant plus caractéristique
qu'elles « brodent » sur un son fondamental plus intense.

C'est ainsi que, dans certains cas, le premier signe du
déclin, chez le Fort, est la dilatation gastro-intestinale, et
c'est à la Percussion que nous devons de connaître cette
particularité clinique intéressante d'une insuffisance digestive se traduisant par une hypermégalie progressive de
l'abdomen.

Toutefois, la règle générale est que l'équilibre compensateur persiste jusqu'à l'épuisement de l'énergie vitale ; et,
pendant toute cette phase, la dilatation du tube digestif
reste constante et modérée. Puis le déclin survient et avec
lui l'affaissement progressif des anses digestives, entraînant
d'une part la *mollesse du ventre,* que nous révèle la
Palpation superficielle, d'autre part la *variabilité de forme
et de volume avec les attitudes,* signe pathognomonique
que nous devons à l'Inspection.

La Percussion, dans ce cas, vient simplement confirmer
les données précédentes, en nous révélant les signes de
sonorité que nous avons analysés à propos de la même

phase morbide chez le Faible. C'est le Damier normal (1er type), tel que nous avons appris à le connaître.

Contentons-nous de rappeler encore sa signification de péristaltisme laborieux et ralenti, dans lequel les ondes de dilatation ne s'objectivent qu'au niveau des Réservoirs, d'où la résonance de l'épigastre et du flanc droit et le son faible de la région sous-ombilicale. Il semble enfin que, chez le Fort, la résonance soit ordinairement plus faible et de ton plus élevé et la région sous-ombilicale d'une submatité plus franche que chez le Faible. Mais c'est là un trait distinctif entre nos deux types cliniques d'une importance tout à fait secondaire.

*b) Deuxième degré du Déclin.* — Le signe objectif le plus caractéristique de cette phase de la maladie, c'est l'effondrement de la masse gastro-intestinale, c'est l'effacement de la saillie de l'abdomen. En traitant de l'Inspection, nous avons longuement décrit cet aspect symptomatique.

Quant à la Percussion, elle nous donne des renseignements peu différents de ceux que nous avons recueillis en étudiant le Faible au même moment de la maladie. La sonorité stomacale reste faible, obscure et plus ou moins élevée immédiatement après l'ingestion des aliments; ce n'est qu'au bout de plusieurs heures que les ondes de dilatation s'accusent et s'objectivent à la Percussion par une résonance basse ou grave. Au niveau du cœcum, la résonance est plus faible et de tonalité moins basse. Enfin le Grêle rend un son simple, toujours élevé. On retrouve ainsi les éléments qui entrent dans la composition du 2e type de Damier normal, tel que nous avons appris à la connaître en analysant la sonorité abdominale du Faible.

Chez le Fort comme chez le Faible, à cette phase de la maladie, on peut saisir le balancement caractéristique entre la résonance épigastrique et la résonance sous-ombilicale.

Enfin, le tympanisme n'est point un fait rare. Mais à

l'inverse de ce qui se passe chez le Faible, où le tympanisme précoce est surtout fréquent, nous voyons prédominer ici le tympanisme tardif. Il peut occuper successivement les trois cavités, estomac, cœcum et grêle, comme il nous a été donné de l'observer dans le cas suivant :

Le malade se plaint de vertiges survenant vers la fin de la journée. L'examen a lieu à 4 heures et demie *au moment de l'état vertigineux.* Le dîner a été pris à midi.

Abdomen encore proéminent grâce à ses parois très épaissies par infiltration graisseuse, de forme variable avec les attitudes.

Signes de sonorité obtenus :

*a) Au début.* — Tympanisme gastrique aigu. Tympanisme cœcal de timbre amphorique. Obscurité du son sous-ombilical.

*b) Au cours de l'examen.* — Le tympanisme gastrique disparaît remplacé par un son obscur. Puis il reparaît.

Au bout d'un instant, on a du tympanisme sous-ombilical (plus faible que le tympanisme gastrique) et on constate que le tympanisme gastrique diminue.

Il a disparu que le tympanisme du Grêle persiste encore.

Celui-ci à son tour disparaît.

Le tympanisme cœcal est allé en diminuant, mais sans oscillations.

Quand le tympanisme du Grêle a disparu, on assiste au retour du tympanisme gastrique (moins franc) *à la suite d'un renvoi avorté.*

*c) Après un moment de repos.* — La sonorité générale de l'abdomen a augmenté. Tout tympanisme a disparu, même au niveau du cœcum.

On ne trouve plus que de légères différences d'*intensité* de son.

Nous ne reviendrons pas sur le mécanisme pathogénique et l'importante signification du tympanisme. Dans l'observation que nous venons de relater, il est intéressant de souligner dès maintenant la coïncidence du tympanisme gastro-intestinal et de l'état vertigineux transitoire.

### 3° *Évolution irrégulière du Déclin.*

Nous savons que l'élément anatomique digestif du Fort est doué d'une faible irritabilité vitale. Dans certains cas, cette irritabilité est tellement précaire que, *dès la naissance,* le développement de l'appareil digestif s'en trouve pour ainsi dire *désorienté.* Le processus compensateur n'évolue plus suivant les règles habituelles et le déclin, qui en

est la contre-partie, perd les allures caractéristiques que
la clinique nous a révélées jusqu'ici.

Phénomène vraiment curieux, toute la première moitié
de la vie de l'individu apparaît comme parsemée d'épisodes compensateurs, marquant autant d'essais de ressaisissement de l'organisme au cours d'une insuffisance
fondamentale, en quelque sorte constitutionnelle. A mesure
que l'âge avance, chacun de ces efforts perd peu à peu sa
franchise d'allure et sa netteté symptomatique. Finalement,
le déclin s'installe à demeure, mais avec des caractères
particuliers, capables d'illusionner l'observateur non prévenu.

Telle est une notion de clinique générale de haute
importance, sur laquelle nous aurons à revenir souvent
au cours de cet ouvrage.

C'est à l'exploration objective de l'abdomen que nous
en sommes redevables. Il est en effet toute une catégorie
de sujets qui se différencient à la fois des Forts et des
Faibles, tout en empruntant aux uns et aux autres quelques-
uns de leurs traits distinctifs : à l'Inspection, pas de
saillie abdominale, mais un évasement ou une déformation plus ou moins marqués de la base du thorax, vestiges
matériels d'une hypermégalie abdominale disparue; à la
Palpation, degré persistant de rénitence abdominale avec
faible élasticité, allures discrètes des distensions et
spasmes fonctionnels; à la Percussion, enfin, mobilité
étrange des modulations sonores évoluant sur un fond de
sonorité générale nettement obscure. Ce sont là quelques-
unes des révélations objectives, qui ne font que confirmer
d'ailleurs l'analyse des anamnestiques et justifient le
groupement clinique que nous venons de mettre en évidence.

Au milieu des dissemblances sans nombre, créant autant
de types individuels, l'observateur attentif est à même de
saisir cependant un trait commun qui unit et *stigmatise*
tous ces malades, c'est la *sensibilité pathognomonique du*

*tube digestif aux influences d'ordre moral et psychique.*
La membrane digestive manifeste, par contre, une sorte
d'indifférence aux excitations de nature proprement alimentaire.

Cette particularité étrange mérite quelques commentaires.

Dans un but de clarté et de précision, prenons, comme
terme de comparaison, l'analyse des phénomènes biologiques qui se passent au sein de l'élément anatomique en
voie de déclin, chez le Fort d'évolution régulière.

La pathologie générale nous enseigne que l'organisme
voit ses aptitudes réactionnelles se modifier parallèlement
aux phases successives de son évolution. A l'exemple du
poète, le médecin, dans un autre ordre d'idées, peut dire
avec raison : *Chaque âge a ses maladies.* Les influences
morbides qui impressionnent l'enfant laissent l'adulte
indifférent ; et le vieillard a une pathologie qui se distingue de celle de l'adulte. Or il est certain qu'à trente ans, par
exemple, les éléments anatomiques du tube digestif fort
se trouvent en puissance d'hypergenèse protoplasmique ;
et le levier, qui doit actionner cette puissance, c'est la
suralimentation absolue ou relative, c'est-à-dire, en
dernière analyse, la stimulation résultant du contact de
l'aliment. Pendant la phase d'accroissement de volume de
l'abdomen, la sensibilité de l'économie *tout entière* aux
influences alimentaires est d'une observation courante :
les moindres variations dans la composition de la nourriture et de la boisson entraînent des changements immé-
diats au double point de vue de l'embonpoint général et du
volume du ventre. A ce moment, au contraire, toutes les
influences d'ordre extra-alimentaire effleurent à peine
l'organisme : c'est l'endurance au froid, à la peine, c'est
l'indifférence et le stoïcisme en face des chocs moraux, etc.
Mais voici que l'amaigrissement et l'effondrement abdominal donnent le signal « d'un changement complet dans
le tempérament », suivant l'expression des malades. L'élé-

ment anatomique digestif a franchi une étape de son évolution, et maintenant il ne réagit plus qu'obscurément sous son
aiguillon physiologique, l'*aliment*. Sa réserve d'irritabilité
vitale se trouvant insuffisante pour engendrer un nouveau
processus hypermégalique, l'aliment circule sans susciter
à vrai dire de réactions propres. Il semble, en fin de compte,
que l'élaboration digestive, dont l'*hypergenèse protoplasmique est le témoin nécessaire*, n'existe plus qu'à l'état
rudimentaire. Et c'est là la raison dernière pour laquelle
l'aliment n'est plus capable aussi de troubler au même
degré l'économie de la fonction digestive : *où l'organe
digestif est absent, l'aliment perd ses droits.*

En revanche, l'indigence vitale de cet élément digestif
crée une *instabilité* particulière de son organisation ; d'où
cette impressionnabilité excessive à toutes les causes qui
exigent une dépense d'activité vitale, et, dans cet ordre, les
chocs moraux, les impressions psychiques occupent sans
conteste le premier rang.

La conclusion, c'est qu'avec son évolution régressive
l'élément digestif du Fort perd ses aptitudes *fonctionnelles* et ne garde plus que la dose d'irritabilité vitale
juste suffisante pour l'entretien et la sauvegarde de sa
*vitalité* pure et simple. L'excitation alimentaire, quelle
qu'elle soit, reste définitivement obscure dans ses effets et
pour le malade et pour le médecin.

Telle est, dans ses grandes lignes, la physionomie de
l'élément anatomique fort à la période extrême de sa
dégradation. Quant à l'élément digestif fort, d'évolution
irrégulière, nous le caractériserons en disant qu'il *naît*
avec des caractères essentiels peu différents, et c'est là la
clef de toute la phénoménologie spéciale au type clinique
que nous avons en vue.

Les *ébauches* de compensation représentent comme les
*aspirations* de l'élément anatomique vers une destinée qu'il
ne peut atteindre, même au prix d'une dégénérescence de
sa substance moléculaire. Ces efforts de ressaisissement

sont du reste de plus en plus faibles et incomplets et chaque fois laissent l'élément digestif dans un état d'indigence vitale plus accusée, c'est-à-dire d'impressionnabilité plus grande ; d'où des manifestations morbides de plus en plus nombreuses, d'allures souvent de plus en plus étranges.

Ce sont ces malades, si mal connus, que la pathologie classique relègue dans la grande tribu des *Névropathes*.

En réalité, ils appartiennent à la classe des Forts et, dans cette classe, forment une variété dont la caractéristique essentielle est, au point de vue clinique, *l'irrégularité des processus de compensation et de déclin digestifs*.

Essayer de grouper dans un ensemble didactique les signes de sonorité abdominale propres à cette catégorie de malades, nous semble, pour le moment du moins, une tâche impossible à remplir, tant est grande la mobilité du tableau symptomatique. Nous ne tenterons pas davantage de marquer, à la Percussion, chaque étape d'une phase digestive : l'éréthisme fonctionnel est trop irrégulier et trop rudimentaire pour donner matière à une notation objective suffisamment caractérisée.

Le rôle positivement utile du clinicien consistera à analyser minutieusement le ou les faits morbides qui dominent la scène et à en rechercher *l'équivalent objectif abdominal* successivement par l'Inspection, par la Palpation et par la Percussion.

Celle-ci est particulièrement féconde en raison de l'excitabilité digestive, dont elle nous dévoile les exaltations comme les défaillances avec une précision admirable : tantôt c'est un état permanent de faiblesse générale et d'impressionnabilité dont la présence du *Damier inverse* nous donne la clef pathogénique ; tantôt ce sont des manifestations rebelles, changeantes, parcourant successivement toutes les régions du corps, qui trouvent un équivalent objectif dans une *mosaïque sonore* de même allure ; tantôt, enfin, c'est un épisode, toujours le même, à retours fixes et périodiques dont le *tympanisme*, soit gastrique, soit intestinal, nous révèle la véritable nature.

Nous conclurons en affirmant que le médecin, grâce à l'exploration objective de l'abdomen et notamment à la Percussion, est en mesure de saisir les *traces matérielles* de toute la série des affections morbides dites *sine materiâ*, et partant de comprendre et souvent de prévoir ce qui jusqu'à présent a été considéré comme un caprice de la nature.

C. — PERCUSSION DU FOIE

La Palpation nous a permis d'acquérir sur l'évolution pathologique du foie quelques données précises que nous pouvons résumer ainsi :

*a)* Chez le Faible, les modifications de volume et de consistance de la glande hépatique sont *cliniquement* négligeables ; c'est la mobilité de celle-ci qui constitue le seul fait clinique à retenir, et cette mobilité est étroitement corrélative de la diminution de tension abdominale.

*b)* Chez le Fort, la mobilité hépatique constitue un signe clinique moins constant, quoique d'une grande fréquence. C'est qu'elle marche de pair avec les modifications de la tension abdominale. Or nous savons que, pendant la phase d'état de la maladie et souvent au début du déclin, la tension abdominale est peu modifiée chez le Fort ; en raison de sa densité anatomique, le ventre reste longtemps rénitent. On conçoit dès lors que le foie, maintenu dans sa loge par une masse splanchnique encore résistante, ne soit que difficilement et faiblement mobilisé par les mouvements respiratoires.

En revanche, cette glande suit les variations de l'abdomen dans ses phases successives d'hypermégalie et d'affaissement. Dans certains cas, refoulée par la masse exubérante des anses digestives, elle se déforme et pousse des

prolongements, sous forme de languettes, hors des limites
osseuses de sa loge naturelle.

Mais toutes ces notions sont insuffisantes et souvent
incertaines, si elles ne sont contrôlées et complétées par
la Percussion.

Pour avoir des données exactes, nous conseillons de
percuter la région hépatique successivement dans le sens
vertical et dans le sens transversal. C'est ainsi que, dans
les cas d'atrophie du foie, après avoir obtenu par la percussion verticale, la ligne de matité inférieure, la percussion transversale, faite de gauche à droite à partir de
l'appendice xiphoïde, nous montre que la zone de sonorité
costale peut s'arrêter soit à la ligne mamelonnaire, soit à
la ligne axillaire. Parfois, la percussion verticale dénote
une absence complète de matité hépatique ; la percussion
transversale nous permet alors de mesurer le diamètre horizontal de la surface sonore qui a remplacé la zone normale
de matité. De la sorte, le clinicien peut se faire une idée
assez exacte du degré de régression atrophique du
Foie.

Il va sans dire que lorsque cet organe a un volume
normal ou exagéré, la percussion transversale est de nulle
valeur sémiologique.

La diminution de volume du foie est un fait assez commun chez le Fort, à la phase de déclin confirmé et à la
période de déchéance. Nettement accusé, ce signe implique
évidemment un pronostic grave.

Par contre, il est courant de noter une légère diminution
d'étendue de la matité hépatique : sa limite inférieure
s'arrête à deux ou trois centimètres au-dessus du rebord
des fausses côtes ; la percussion transversale révèle une
petite zone inférieure de sonorité qui s'arrête à la ligne
mamelonnaire. Il faut connaître la signification de cette
particularité clinique et se garder de conclure à la légère
à une diminution de volume du foie.

Voici ce que l'observation clinique nous a enseigné.

Cette *réduction de la zone de matité hépatique* est le satellite ordinaire d'un autre signe objectif, la *variabilité de forme de l'abdomen suivant les attitudes*. C'est ainsi que, dans le cas particulier, on voit le ventre s'aplatir dans le décubitus horizontal et s'arrondir en saillie plus ou moins prononcée dans la station verticale. Si, éclairés par cette première indication, nous nous appliquons à étudier les effets de la *mobilité viscérale* sur la sonorité de notre région hépatique, nous nous apercevons, notamment, que dans le décubitus latéral gauche la zone de matité s'accroît et redevient à peu près normale.

La conclusion s'impose : il s'agit d'une masse gastro-intestinale qui antérieurement a présenté une ampleur exagérée au point de produire un écartement anormal des fausses côtes; puis, cette masse s'étant affaissée, le retrait de la paroi costale s'est fait incomplètement; de telle sorte que la partie tout à fait inférieure de cette paroi est restée en quelque sorte *aberrante* et se maintient détachée de la glande hépatique sous-jacente; d'où la zone de matité tronquée, que nous révèle la Percussion verticale. En définitive, il s'agit à proprement parler d'une déformation du squelette thoracique, contemporaine de l'hypermégalie abdominale, et qui subsiste comme un vestige permanent d'une adaptation qui s'éteint.

Enfin il est bon de savoir que cette petite zone de sonorité costale est susceptible de diminuer, souvent même de disparaître pendant une inspiration forcée. C'est là un signe de mobilité verticale du foie.

L'absence du *ressaut* hépatique à la Palpation n'est point suffisante, en effet, pour nous autoriser à admettre la fixité normale du Foie. La Percussion nous fournit à ce point de vue des indications précises, qui doivent être le complément des données de la Palpation. Ainsi, il arrive communément, lorsque la zone de matité hépatique est nettement réduite d'étendue, de ne point trouver de *ressaut* à la Palpation, par contre de constater à la Percussion, pendant les mouvements d'inspiration forcée, une véritable *translation* de haut en bas de cette zone de matité ; ou encore, quand la matité hépatique est normale et que, pour une raison quelconque (épaisseur de la paroi, contractions de défense, etc.), on ne peut percevoir le ressaut, il n'est pas rare que la Percussion verticale décèle de l'abaissement inspiratoire de la ligne de matité supérieure. On peut dire que la mobilité du foie, révélée par la Percussion, est d'une fréquence très grande, pour ainsi dire la règle dans les troubles chroniques de la dynamique digestive.

Terminons par un petit fait clinique assez fréquent et d'une précision instructive. Voici un sujet frappé en pleine santé d'un état digestif subaigu : le ventre s'affaisse et devient *pâteux ;* en même temps le foie apparaît mobile et à la Palpation et à la Percussion. Après quelques jours de repos, la tonicité digestive s'est ressaisie : le ventre est maintenant élastique et ferme, et le foie ne quitte plus sa loge, quel que soit le procédé de recherche employé.

### D. — SONORITÉ ABDOMINALE DANS LES ÉTATS SUBAIGUS

Si nous nous reportons aux notions générales sur la sonorité de la membrane digestive, exposées au début de ce chapitre, nous apprenons que l'écart entre le son fondamental et le son fonctionnel atteint son maximum dans l'asthénie subaiguë et que l'étendue de cet écart mesure strictement l'intensité de l'inhibition digestive.

C'est là une notion simple, en quelque sorte *première,* qui demande à être développée et commentée à la lumière des faits cliniques.

Pratiquement, les limites qui séparent l'état chronique de l'état subaigu manquent très souvent de précision, aussi bien à la Palpation qu'à la Percussion. Le diagnostic de l'état subaigu doit dériver autant de l'analyse des faits morbides antérieurs que des constatations objectives actuelles.

Quelques développements sont nécessaires pour dégager toute notre pensée.

L'état subaigu peut se définir essentiellement une action d'arrêt des processus vitaux de la cavité digestive. Si celle-ci se trouvait dans un état de réceptivité morbide univoque, constamment identique à lui-même, l'état subaigu, cela se conçoit, serait d'un diagnostic facile et la Percussion nous révélerait des signes nettement définis, répondant exactement à la formule que nous avons donnée plus haut (1). Mais il n'en est rien. Le processus subaigu se greffe sur les états digestifs les plus divers, s'associe à tous les stades de l'asthénie chronique, frappe enfin indifférem·ment les deux sexes, tous les âges et tous les tempéraments. C'est dire que, tout en gardant quelques traits distinctifs constants, il peut revêtir une variété infinie de formes symptomatiques.

D'un ensemble de faits très disparates, nous pouvons cependant, dès à présent, dégager quelques notions simples, d'ordre général, qui vont faciliter l'orientation du clinicien :

1° Un certain degré d'*excitabilité* du tube digestif est une condition toujours favorable, souvent nécessaire au développement des états subaigus. L'élément anatomique épaissi, *empâté*, de sensibilité obscure, échappe aisément aux influences inhibantes. Il s'ensuit que le terrain propice à l'éclosion des épisodes subaigus est particulièrement le tube digestif du Faible, sain ou malade, et celui du Fort, à la phase de déclin.

2° L'état subaigu présente des allures cliniques d'autant mieux caractérisées qu'il se greffe sur un tube digestif plus intact; avec l'usure de l'élément anatomique, les symp-

_____

(1) Nous négligeons à dessein de tenir compte de la nature éminemment variable de la cause pathogène : cette influence est dominée de très haut par la réceptivité propre de l'économie.

tômes deviennent plus indécis et les signes objectifs moins francs. Ce qui revient à poser une sorte d'antagonisme clinique entre la présence de l'état chronique et l'apparition des états subaigus, l'aggravation du premier atténuant la réceptivité de l'organisme pour les seconds.

Pour comprendre cet antagonisme, il est utile de revenir sur la définition de *l'état chronique*, et de tracer à nouveau les limites précises qui le séparent de *l'état subaigu*.

L'élément anatomique digestif, en dehors de l'état normal, se présente sous trois aspects différents : l'état d'usure pure et simple, l'état d'insuffisance fonctionnelle chronique et l'état d'arrêt fonctionnel subaigu ou passager.

Dans l'état d'usure, qui n'est point la maladie, il y a juste équilibre entre la recette et la dépense ; l'excitation alimentaire se mesure strictement au degré d'irritabilité vitale restante. En un mot, c'est une fonction amoindrie, mais qui répond à une adaptation parfaite du tube digestif à son milieu nutritif.

L'état d'insuffisance fonctionnelle chronique se caractérise, au contraire, par un défaut d'équilibre permanent entre l'irritabilité vitale de l'élément digestif et la nature de l'excitation alimentaire. L'irritabilité vitale n'est pas seulement diminuée, comme dans l'état d'usure, mais encore partiellement engourdie et comme entravée dans son expansion physiologique ; de telle sorte que le tube digestif est dans un état d'effort constant, soit pour vivre, soit pour fonctionner. Cet état réactionnel de tous les instants, c'est l'asthénie digestive chronique.

Il est d'ailleurs évident que cette *tension* morbide est une cause importante d'épuisement vital, et que l'asthénie chronique est éminemment propre à amener l'usure.

Mais cet *engourdissement* de l'irritabilité vitale, dans l'asthénie digestive chronique, n'est point univoque ; il se présente avec des caractères variables au double point de vue de l'intensité et de la fixité. C'est en cherchant à en mesurer la profondeur que nous allons pouvoir différencier définitivement l'état chronique de l'état subaigu.

Si nous supposons une inhibition soudaine et totale de la vitalité digestive, nous avons l'état subaigu idéal, parfait, c'est-à-dire *une indifférence absolue de la membrane digestive au contact de l'aliment*. Dans la réalité, cet état n'existe pas : quelle que soit la nature de la cause pathogène, l'excitabilité digestive n'est jamais complètement abolie. Toutefois, dans le moment qui suit immédiatement l'action morbigène, cette excitabilité est réduite à son minimum d'intensité. Mais, à mesure que le temps s'écoule, elle renaît peu à peu et avec une rapidité d'autant plus grande que l'excitation alimentaire répond mieux à ses qualités actuelles. En d'autres termes, le tube digestif, frappé d'arrêt subaigu, se ressaisit d'autant plus aisément que l'aliment n'en utilise que juste les forces propres mises successivement en disponibilité par le seul fait de l'évolution de la maladie. Le propre de l'état subaigu est donc de restreindre du jour au lendemain l'élasticité biologique de l'élément digestif, cette élasticité gardant tout son pouvoir de ressaisissement spontané, pourvu qu'aucun obstacle ne lui soit opposé.

Entravé par une cause quelconque, l'état subaigu s'arrête dans sa marche vers la *restitutio ad integrum*. A ce moment, la résistance créée par l'obstacle est telle que tout nouvel effort d'expansion spontanée cesse d'aboutir. Cet arrêt du processus de réparation est d'une précocité variable, qui dépend à la fois et de la nature de l'obstacle et des qualités réactionnelles de l'élément anatomique. En tous cas, l'instant précis où la spontanéité de l'élément anatomique est annihilée par la résistance du milieu ambiant marque le début de l'état chronique. Il y a, en définitive, identité de nature entre l'état chronique et l'état subaigu : de part et d'autre les forces digestives sont simplement inhibées. Le seul trait distinctif, c'est que, dans l'état chronique, l'inhibition est le fait d'une spontanéité insuffisante pour tenir tête au milieu ambiant, tandis que, dans l'état subaigu, l'inhibition dépend directement du choc accidentel produit par la cause pathogène.

Comment trouverons-nous, dans la sonorité abdominale, les éléments du diagnostic différentiel entre ces deux états ?

La nature de l'obstacle étant supposée constante, en d'autres termes le milieu ambiant restant le même (1), nous ne devons envisager présentement que les qualités réactionnelles de l'élément anatomique. Or, deux cas peuvent être distingués, qui englobent la majorité des faits de la pratique courante.

1° L'état subaigu frappe un tube digestif normal. Il revêt alors sa forme la plus franche. La quantité des forces inhibées atteint un maximum. La diète s'impose et toute sonorité abdominale disparaît ou plutôt nous avons de la submatité *par excès de gravité*. Cette submatité représente le son fondamental, puisque tout effort fonctionnel est absent.

Que pour un motif quelconque le malade continue à s'alimenter, nous voyons apparaître un son fonctionnel d'une tonalité maxima et la submatité *par excès de hauteur* remplace *ipso facto* le son fondamental primitif. Nous rentrons ainsi dans la règle générale formulée au début de ce chapitre : l'écart entre le son fondamental et le son fonctionnel est à son maximum dans l'asthénie subaiguë et l'étendue de cet écart mesure strictement l'intensité de l'inhibition digestive.

2° Dans un second cas, l'état subaigu est une complication épisodique au cours d'un état chronique. On comprend

___

(1) Cliniquement, la question du *milieu ambiant* se pose sous la forme suivante :

L'état subaigu franc est celui qui marche à la guérison malgré la résistance du milieu ambiant.

L'état chronique franc est celui dans lequel le milieu ambiant inhibe d'une façon permanente un maximum de forces digestives. Avec un minimum de forces inhibées, nous touchons à l'état d'usure, c'est-à-dire à une forme d'état chronique au-dessus des ressources de l'hygiène.

aisément que l'inhibition passagère sera d'autant plus accusée que l'inhibition chronique fondamentale est moins profonde, c'est-à-dire tient moins de forces digestives engourdies et partant laisse plus de prise à la nouvelle cause pathogène. Ce qui revient à dire que les signes objectifs de l'état subaigu seront d'autant moins accusés que l'état chronique antérieur est plus ancien et plus grave.

L'aliment est toléré, mais sous une forme légère qui suscite un éréthisme de courte durée : d'où un sentiment de faiblesse qui pousse le malade à « prendre » souvent, à multiplier les ingestions alimentaires. Pour cette raison, le son fonctionnel est l'élément de diagnostic à peu près exclusif à la Percussion.

La Phase digestive, toujours notablement écourtée, se traduit généralement, au niveau des Réservoirs, par une résonance affaiblie, comme *contenue*, et de ton élevé, au niveau de la région sous-ombilicale, par une sonorité obscure, sensiblement de même ton que la précédente. Ce qui frappe le clinicien, c'est une tendance à l'uniformité du son, à l'effacement du Damier sonore, tendance d'autant plus marquée que l'état chronique pur laissait à la membrane digestive plus de liberté dans ses mouvements fonctionnels.

Tel est, en fin de compte, le caractère distinctif de l'épisode subaigu, étudié au début, avant l'éclosion des mille formes de l'état spasmodique engendrées par les erreurs d'hygiène.

Si ces erreurs frappent un élément digestif de faible spontanéité native, l'état subaigu peut persister des semaines et des mois, donnant lieu à un syndrôme complexe, véritablement déconcertant. La segmentation de l'aire de sonorité abdominale est poussée jusqu'à ses limites extrêmes : ici une zone mate ; là une zone tympanique aiguë ; à côté, une résonance grave ; plus loin, un son faible et élevé, etc. Puis toutes ces sonorités se modifient sous la main de l'observateur, parfois avec une rapidité qui les rend insaisissables. Le tube digestif semble, en définitive, se résoudre en une agglomération de petites cavités, qui « vont et viennent » dans la grande cavité abdominale et impriment à la sonorité générale du ventre l'aspect d'une mosaïque constamment changeante. Le péristaltisme a perdu toute régularité; les ondes de progression naissent, se figent, meurent et renaissent sans aucun lien ni dans le temps ni dans l'espace. Cette *Mosaïque sonore* est le signe pathognomonique du *marasme digestif*, état d'incohérence fonctionnelle, qui résulte à la fois du défaut de spontanéité digestive et d'erreurs d'hygiène grossières et souvent répétées.

### E. Période de Déchéance digestive.

Jusqu'à présent les signes de sonorité abdominale nous ont révélé un travail digestif nettement intermittent : Chaque phase fonctionnelle est suivie d'une phase de repos, celle-ci marquée par l'apparition du son fondamental, celle-là caractérisée par les formes changeantes du son fonctionnel.

A mesure que la résistance digestive faiblit, un double processus physiologique s'accomplit au sein des tissus du canal alimentaire : processus d'*inertie*, d'une part, processus de *faiblesse irritable*, d'autre part.

Il est aisé de comprendre que ces deux modes d'activité s'excluent, ne sauraient coexister : dans un cas, ils se succèdent, la faiblesse irritable précédant l'inertie ; dans un autre, c'est l'inertie qui est l'état prédominant, la faiblesse irritable ne se réveillant que de loin en loin, quand l'excitation alimentaire est par trop disproportionnée avec le pouvoir digestif; dans un troisième cas, enfin, la faiblesse irritable est le fait constant et l'inertie n'apparaît que pour marquer la terminaison (1).

(1) Dans un chapitre sur les *Tempéraments*, nous nous efforcerons de distinguer les formes cliniques de la maladie, sans perdre de vue le tronc commun d'où elles procèdent.

Envisageons ces deux cas extrêmes.

*1° Inertie digestive.*

L'Inertie, en tant qu'état prédominant, ne nous donne que très peu de signes de sonorité. Le palper est le procédé de choix pour la déceler.

Notons cependant que le ventre, en voie d'inertie, est de sonorité fondamentale obscure et basse. La phase fonctionnelle, d'une durée constamment diminuée, se signale par un son également obscur, mais toujours élevé, confinant plus ou moins à la matité. Toute résonance est absente ou cliniquement négligeable. En raison de la longue durée du temps de repos fonctionnel, c'est le son fondamental qui donne au clinicien la mesure de la sonorité abdominale.

Dans certain cas d'Inertie digestive, le changement d'attitude du malade entraîne une modification intéressante de la sonorité abdominale : dans la position couchée, le son sous-ombilical est absent, le son épigastrique seul est nettement perceptible, quoique très faible; dans la position debout, phénomènes inverses, la région sous-ombilicale acquiert instantanément une sonorité franche et basse, tandis que l'épigastre devient submat. L'interprétation la plus simple est, à notre avis, la suivante : dans le décubitus horizontal, les anses digestives s'*étalent* et la main ne percute qu'une *mince couche sonore;* dans la station verticale, au contraire, ces anses se collectent à la partie antéro-inférieure de l'abdomen et forment une masse sonore de grande épaisseur, d'où l'apparition d'une sonorité plus franche. Quant à l'estomac, dans le premier cas, rien n'en gêne l'expansion fonctionnelle, d'où sa sonorité très perceptible; dans le second cas, la pesanteur en tend les parois et partant en annihile la vibratilité.

Cette modification de la sonorité abdominale par le changement d'attitude nous dévoile la faible *spontanéité* biologique de l'appareil que nous avons sous la main et constitue un signe décisif d'inertie digestive prédominante.

Les enseignements, que nous donne la Percussion dans l'Inertie digestive, restent néanmoins d'une valeur toujours secondaire et le cèdent, en nombre et en précision, à ceux que nous devons à la Palpation.

#### 2⁰ *État parétique.*

Il en va tout autrement pour l'état de *faiblesse irritable* que nous désignons sous le nom d'*État parétique* et qui est, à proprement parler, une forme terminale de l'Asthénie digestive. Ici la Percussion est notre source d'informations par excellence; disons mieux, c'est la Percussion seule qui nous a révélé ce syndrôme d'une notion si féconde, d'une analyse si curieuse. L'inspection est d'une valeur pratique à peu près nulle. Quant à la Palpation, elle nous révèle souvent, comme satellite de l'État parétique, un signe objectif d'une grande précision, le *ventre œdémateux.*

Pour bien comprendre la signification nosologique de *l'état parétique*, il est nécessaire :

*a)* De le définir cliniquement,

*b)* D'en faire dériver la pathogénie des notions acquises au cours de notre étude sur la Sonorité abdominale.

*a)* Le ventre, dans l'*État parétique*, donne à la Percussion *une résonance uniformément basse ou grave ; toute trace de Damier a disparu.*

Dès le début de ce chapitre, nous avons montré que la santé, qui est l'accomplissement silencieux de *toutes* les fonctions, se traduit par une sonorité abdominale *uniforme* soit au repos, soit pendant le travail du tube digestif. Au pôle opposé, nous voyons, avec la *déchéance terminale*, c'est-à-dire avec l'apaisement de toutes les réactions, réapparaître cette uniformité de son sous une double forme, son fondamental obscur dans l'Inertie, son fonctionnel clair ou résonnant dans l'État parétique.

La *résonance* uniforme de l'état parétique est plus particulièrement le signe de la déchéance finale, parce qu'elle répond aux spasmes agoniques du canal alimentaire, aux efforts suprêmes de la résistance digestive.

Le *Damier inverse*, avec sa résonance sous-ombilicale qui occupe la plus grande partie de l'abdomen, peut quelquefois, à un examen superficiel, donner le change à l'observateur et lui faire croire à l'existence de l'Etat parétique. Mais le clinicien attentif arrive aisément à discerner, en pareille circonstance, une zone gastro-cœcale de son faible et élevé, quelque réduite qu'en soit la surface.

Enfin il est bon de savoir que souvent la résonance de l'Etat parétique est difficilement saisissable, tant elle est faible. Dans ce cas, une percussion prolongée est avant tout nécessaire ; peu à peu l'ouïe s'aiguise et arrive à distinguer nettement des nuances de son tout d'abord confuses. C'est un point sur lequel nous ne saurions trop insister. Et c'est ainsi que le clinicien s'apercevra que, chez nombre de malades, cette résonance subit de légères variations, tout en gardant son caractère essentiel d'*uniformité*.

L'*Etat parétique*, nous l'avons dit, ne comporte pas toujours un pronostic fatal. Loin de s'installer d'emblée et d'une manière irrévocable, il peut apparaître à titre de prodrome de la terminaison, puis s'effacer quelquefois pour longtemps. Chez certains sujets de très faible résistance organique, il n'est que le signal d'une aggravation passagère et se montre à chaque défaillance de la vitalité digestive.

Mais ici nous devons nous demander quelle est la signification de l'*Etat parétique* envisagé comme mode de terminaison de l'asthénie digestive chronique. S'observe-t-il également chez le Fort et chez le Faible ? Est-il l'apanage de l'une plutôt que de l'autre de ces catégories de malades ?

L'état parétique affecte une prédilection évidente pour les individus qui, *pendant la croissance*, avant le complet développement de l'organisme, ont épuisé leurs forces compensatrices dans une ou plusieurs phases d'irrégulière et incomplète adaptation digestive : tel est l'enseignement de la clinique.

Il reste à savoir pourquoi l'*état parétique* est une sorte de privilège pour certains organismes et non le mode de terminaison ordinaire de l'asthénie digestive d'évolution régulière.

D'une part, les Forts, dont la croissance a été à peu près normale, se trouvent à l'âge adulte dans des conditions de résistance telles que la compensation se fait avec son plein épanouissement : longtemps l'état de santé paraît exubérant. Puis, avec l'âge, une circonstance pathogène survenant, l'organisme succombe; toutes les forces compensatrices ayant été épuisées, le relèvement est impossible; « le navire fait eau de toutes parts ». Alors surviennent des complications graves qui emportent le malade d'une façon violente. Le tube digestif a suivi exactement toutes les phases de l'organisme dont il fait partie; et la mort est survenue au cours d'un affaissement gastro-intestinal à marche rapide, qui n'a pu atteindre la période d'état parétique.

D'autre part, les Faibles à l'inverse des Forts, il faut bien le savoir, ne sont jamais aussi gravement atteints qu'on serait tenté de le croire. La part de l'état subaigu, c'est-à-dire de l'inhibition passagère des forces digestives, est toujours importante, quel que soit l'âge du sujet, en raison de cette fragilité caractéristique qui distingue l'organisme du Faible et en rend les défaillances si faciles. Cette particularité clinique nous rend compte d'un pouvoir digestif encore réel chez des individus qui ne semblent plus avoir qu'un souffle de vie. A un moment donné, cependant, toutes les conditions semblent favorables à l'apparition de l'état parétique; mais la résistance *matérielle* est alors devenue si précaire que le moindre choc emporte tout l'édifice, de telle sorte que si l'état parétique apparaît chez le Faible, ce n'est qu'à titre d'épisode et non comme syndrôme proprement terminal.

En dernière analyse, l'*état parétique* se présente en clinique comme un mode d'extinction à la fois *lente* et *prématurée* d'un tube digestif qui porte en lui, *dès la naissance*, des germes de mort.

*b*) Il nous reste à étudier ce qu'est la fonction digestive dans l'état parétique et nous en aurons fini avec les notions les plus nécessaires au praticien.

Pour nous rendre un compte exact des choses, il est indispensable que nous élargissions notre horizon, que nous poussions l'analyse jusqu'aux limites extrêmes, sans sortir de l'observation positive.

Grâce aux données à la fois si variées et si lumineuses que nous devons à l'exploration objective de l'abdomen et en particulier à l'étude des vibrations sonores de la membrane digestive, nous sommes en mesure maintenant de pénétrer la nature essentielle des phénomènes biologiques au milieu desquels la cellule digestive *vit, fonctionne, s'altère* et *meurt*.

Si nous venons à bout de notre tâche, nous aurons en quelques phrases condensé tout ce que la clinique nous a enseigné sur l'acte de digestion.

Qu'est-ce en définitive que la digestion?

Pour le clinicien, c'est le *mouvement nutritif* de l'élément anatomique digestif.

La *forme* de ce mouvement est réglée par une double influence : la nature de l'élément anatomique et le caractère de l'aiguillon qui vient en solliciter l'activité vitale. En d'autres termes, deux forces sont en présence et s'*attirent* à proprement parler : la substance intra-cellulaire et son excitant naturel, l'aliment.

L'élément digestif est, on le devine, doué de propriétés générales très diverses, caractérisant autant de types individuels. Cependant, sous une variété infinie, on retrouve quelques caractères constants qui permettent de ramener tous les éléments cellulaires à deux types principaux : le type faible et le type fort.

Le propre de la physiologie normale est une activité cellulaire toujours strictement proportionnée à l'intensité de l'excitation, quelle que soit la nature et de la substance qui compose l'élément anatomique et des excitations qui en entretiennent le mouvement vital. Mais c'est là un état de perfection absolue, sans existence objective, que nous créons de toutes pièces avec les faits de perfection relative qui évoluent sous nos yeux. En réalité, le potentiel vital de la cellule digestive et l'aiguillon alimentaire qui l'actionne sont constamment dans des rapports anormaux ; d'où un état fonctionnel digestif plus ou moins distant de l'équilibre parfait, c'est-à-dire plus ou moins pathologique.

Cette déviation du mouvement nutritif évolue dans un double sens, suivant qu'elle a pour substratum un élément faible ou un élément fort : l'élément faible marche à l'atrophie et à la raréfaction, l'élément fort à l'hypertrophie et à la prolifération.

Telles sont quelques notions simples et fondamentales, que la clinique nous révèle jusqu'à l'évidence et que rien ne saurait ébranler.

Nos deux types cellulaires arrivent donc à l'état d'inertie complète, c'est-à-dire à la mort, par une voie différente.

En ce qui concerne le type faible, les phénomènes sont d'une simplicité relative : c'est la dégradation progressive du protoplasma et le ralentissement pur et simple du mouvement nutritif ; les deux composantes, irritabilité vitale et masse moléculaire, s'épuisent et se désagrègent parallèlement. L'évolution du type fort est plus complexe : la phase d'hypertrophie et de prolifération constitue une étape nettement définie ; puis vient la phase proprement dite d'atrophie et de raréfaction, dont les caractères manquent de fixité en raison du déterminisme complexe qui a réglé l'évolution de la phase précédente.

Or il arrive que, dans certains cas, la déviation du mou-

vement nutritif commence dans l'élément cellulaire *jeune,
en voie de formation*. Avec l'âge adulte, nous avons alors
un élément d'une composition moléculaire anormale, doué
d'un mouvement nutritif qui n'obéit plus aux lois communes : ce n'est ni le mouvement nutritif de l'élément
faible avec son instabilité spéciale et sa régularité jusque
dans le désordre, ni le mouvement nutritif de l'élément
fort normal avec ses tendances hypergénétiques franchement caractérisées ; c'est un mouvement nutritif dont la
faiblesse profonde est le trait distinctif et perce à chaque
instant sous des allures constamment désordonnées.

L'élément cellulaire, qui s'est développé régulièrement,
va à la mort par la voie de l'inertie, quelles que soient
d'ailleurs les tribulations de l'âge mûr : le mouvement
nutritif se ralentit progressivement, l'aiguillon alimentaire
perd peu à peu son influence spécifique et « la période
glaciaire » arrive sans secousse comme une fin prévue par
la nature. Lorsque au contraire l'élément digestif a *dévié*
dès sa naissance, avant sa constitution définitive, nous
n'avons plus, dès que sonne l'âge adulte, qu'un mouvement nutritif rudimentaire et en quelque sorte désemparé,
et la vie tout entière de notre élément se trouve pour
ainsi dire remplie par la préparation immédiate de sa mort.

C'est à cet état biologique de l'élément digestif, que répond *l'état parétique*, dont nous avons exposé plus haut
les signes caractéristiques de sonorité.

Pour serrer les phénomènes cliniques de plus près, précisons maintenant le sens de la résonance uniformément
basse ou grave au point de vue de la nature intime des
actes digestifs.

De même que la moindre excitation suscite dans notre
élément *avorté* un mouvement nutritif qui ne connaît pas
de mesure, de même l'introduction d'un aliment, quel qu'il
soit, dans la cavité digestive en état parétique, détermine
un ébranlement instantanément généralisé à tous ses éléments constitutifs comme à tous ses segments composants ;

et cet ébranlement aboutit, en dernière analyse, à un semblant d'effort fonctionnel qui *dévie en naissant*, d'où la distension paralytique d'emblée généralisée, dont la résonance uniforme est le signe objectif irrécusable.

La *faiblesse irritable* du canal alimentaire est telle que toutes les différenciations anatomo-physiologiques s'effacent et disparaissent pour l'observateur : les Réservoirs et le Grêle se confondent pour former une seule cavité, douée de qualités réactionnelles univoques, au même titre que toutes les propriétés de l'aliment se fondent en une seule, la *propriété irritante*.

Il est à remarquer que la résonance abdominale, généralement de faible intensité, subit des oscillations d'un moment à l'autre ; elle s'affaiblit, notamment, au fur et à mesure qu'on s'éloigne du moment de l'ingestion alimentaire. Le trait symptomatique le plus saillant, à une observation attentive, semble être la *tonalité basse et uniforme*, traduisant un état permanent d'hyposthénie de la membrane digestive ; sur cette tonalité se greffe une faible résonance, indice d'un faible effort fonctionnel et d'une ébauche de péristaltisme qui vont en s'affaiblissant bien vite et sollicitent à de très courts intervalles de nouvelles excitations alimentaires. Et, en effet, dès que la résonance faiblit, le besoin de prendre se manifeste, non point par l'appétit, mais par une sensation de faiblesse générale profonde, véritable anéantissement de l'individu ; de telle sorte que l'aliment, bien que jamais digéré, doit être constamment là pour entretenir ce vague état réactionnel, qui est la condition même de la vie de l'appareil digestif. En un mot, l'élément anatomique digestif ne peut *vivre* qu'à condition d'être maintenu dans un état constant de *paroxysme fonctionnel* par des excitations alimentaires incessamment renouvelées.

Telle est la nature réelle du complexus morbide que nous avons appelé *État parétique* : *l'enchevêtrement des phases digestives en est le trait proprement distinctif.*

Les acquisitions, que nous avons faites au cours de cette étude clinique sur la sonorité abdominale, peuvent se condenser dans le tableau suivant :

### 1º Période de Résistance digestive.

**Phase d'adaptation**
Aire abdominale de sonorité uniforme.

> *Son fondamental :*
> S'obscurcit avec l'âge.
>
> *Son fonctionnel :*
> D'autant plus élevé et plus faible que l'adaptation est plus difficile.

**Phase de déclin**
Segmentation de l'aire de sonorité abdominale.

> *1ᵉʳ Degré.*
> 1ᵉʳ type de Damier normal (précoce et persistant).
> — Résonance des Réservoirs, Faible sonorité du Grêle, *Tonalité uniforme.*
>
> *2º Degré.*
> a) 2º type de Damier normal (tardif et éphémère).
> — Résonance gastrique, Résonance cœcale, Sonorité du Grêle, de *Tonalités diverses.*
>
> b) Damier inverse (variété du précédent).
> — Son faible et élevé des Réservoirs, Résonance basse du Grêle.
>
> c) Tympanisme précoce ou tardif.
> Variabilité du son fonctionnel de l'estomac.
> Bitonalité gastrique.
> — Signes inconstants.

### 2º Période de Déchéance digestive

*Aire abdominale de sonorité sensiblement uniforme.*

**Inertie digestive.** — Durée prédominante du son fondamental, qui est faible et bas. — Son fonctionnel transitoire, élevé et obscur.

**État parétique.** — Sonorité uniforme, faible résonance, tonalité basse ou grave. — Son fonctionnel permanent.

### 3º Percussion du foie.

Réduction de la zône de matité hépatique et fréquence de sa mobilité respiratoire.

### 4º Sonorité abdominale dans les états subaigus.

**État subaigu franc.** — Son fondamental imperceptible par excès de gravité. Son fonctionnel imperceptible par excès de hauteur.

**État subaigu greffé sur état chronique.** — Le son fonctionnel diminue d'intensité et augmente de hauteur. Le Damier tend à s'effacer et paraît FRUSTE. La *Mosaïque sonore* est le signe du *marasme digestif.*

FIN DU TOME PREMIER

# TABLE DES MATIÈRES


Division de l'ouvrage...................................... V
Introduction.............................................. VII

## CHAPITRE PREMIER

I. Notions préliminaires................................... 1
II. Du segment digestif simple............................. 5
III. Du segment digestif différencié....................... 21

## CHAPITRE II

I. Considérations générales................................ 34
II. De l'Inspection de l'abdomen........................... 41
    *A*. Esquisse pathogénique des variations de forme et de volume de l'abdomen................................... 41
    *B*. Inspection du tube digestif faible.................. 47
    *C*. Inspection du tube digestif fort : gros ventre de l'enfant et gros ventre de l'adulte........................... 51
    *D*. Rôle de la paroi abdominale ; hernies et grossesses....... 59

## CHAPITRE III

### DE LA PALPATION DE L'ABDOMEN

I. Palpation superficielle................................. 65
    *A*. Tension du segment digestif........................ 65
    *B*. Tension abdominale................................. 69
II. Palpation profonde..................................... 85
    *A*. Palpation de l'estomac............................. 85
    *B*. Palpation du colon. — Formes cliniques anormales...... 96
    *C*. Palpation du foie.................................. 108
    *D*. Mobilité et déplacement des viscères abdominaux........ 114

III. Différenciation des types cliniques à la Palpation. ........  119
    *A.* Palpation du tube digestif faible......................  120
    *B.* Palpation du tube digestif fort.......................  126
IV. Quelques commentaires cliniques.......................  130


# CHAPITRE IV

## DE LA PERCUSSION DE L'ABDOMEN


I. Notions générales sur la sonorité de la membrane digestive  134
    *A.* Son fondamental....................................  138
    *B.* Son fonctionnel....................................  141
II. Etude clinique de la sonorité abdominale...............  150
    *A.* Sonorité abdominale chez le Faible.....................  155
    *B.* Sonorité abdominale chez le Fort.......................  179
    *C.* Percussion du foie.................................  190
    *D.* Sonorité abdominale dans les états subaigus............  193
    *E.* Déchéance digestive................................  199